开启花季智慧科普丛书

zigiang fu buxi
mianduì zainan

吴贤唯◎编著

自强复不息
面对灾难

陕西出版传媒集团
太白文艺出版社

图书在版编目(CIP)数据

　自强复不息：面对灾难/吴贤唯编著.—西安：太白文艺
出版社，2013.1
　（开启花季智慧科普丛书/刘刚主编）
　ISBN 978-7-5513-0415-3

　Ⅰ.①自… Ⅱ.①吴… Ⅲ.①自然灾害—自救互救—青年读物
②自然灾害—自救互救—少年读物 Ⅳ.①X43-49

中国版本图书馆CIP数据核字(2013)第006045号

开启花季智慧科普丛书
自强复不息——面对灾难

主　　编　　刘　刚
编　　著　　吴贤唯
责任编辑　　王大伟　　荆红娟　　李丹
封面设计　　梁　宇
版式设计　　刘兴福

出版发行　　陕西出版传媒集团
　　　　　　太白文艺出版社
　　　　　　（西安北大街147号　710003）
　　　　　　E-mail:tbyx802@163.com
　　　　　　tbwyzbb@163.com

经　　销　　陕西新华发行集团有限责任公司
印　　刷　　北京阳光彩色印刷有限公司
开　　本　　700毫米×960毫米　1/16
字　　数　　105千字
印　　张　　10
版　　次　　2013年3月第1版第1次印刷
书　　号　　ISBN 978-7-5513-0415-3
定　　价　　19.80元

前 言 •••

　　青少年"好像早上八九点钟的太阳，希望寄托在你们身上。"诚如毛泽东同志所言，青少年朝气蓬勃，充满理想，敢于追逐，勇于实践。在他们身上有着无尽的可能，无穷的希望。一方面，我们对他们寄以殷切的希望，希望他们能实现自己身上所有的可能性，有所建树，有所成就。另一方面，我们也明白，青少年时期是人生最重要的转折点之一。转折得好，人生就会向着积极的方向发展；可是如果没有转折好，也未尝不可能向着消极的方向堕落。这也是投向我们希望的曙光中，一斑挥之不去的阴影，萦绕在我们心头，使我们如坐针毡，如芒在背。

　　"玉不琢，不成器。人不学，不知道。"古人云，"少而好学，如日出之阳。"这里的"学"，不单单指的是学习课本上的知识，更重要的是如何立志修身，为人处世，面对人生中可能碰到的种种顺境与逆境、困难和挫折，并且最终战胜它们，达到你的理想和成就。其实，我们的先贤对青少年的教育也不是只重知识而轻修养，更不是在他们童蒙未开之时就灌输一些他们尚不能理解的大道理、空口号，而是非常重视循序渐进和教育内容的选择。譬如，童子先教其"扫洒应对"之道，即基本的自处和与人交往的礼节。然后，等他们少年之时，教其礼、乐、射、御、书、数，即礼节、音乐、射箭、御车、书记、算术等基本的知识，其中也蕴含着人格的修养。及至其青年之时，乃入大学，这时候有了之前知识和修养的基础和准备，才教其格物、致知、诚意、正心、修身、齐家、治国、平天下之大道。按照这样的程序对青少年进行教育，古人认为才能培养出知识全面、人格健全的人才。"可以托六尺之孤，可以寄百里之命"，可以"穷则独善其身，达则兼济天下"。

时代在前进，观念在变化。但是我们对青少年的希望和古人是一样的。有些规律性的已经由时间证明的成功的经验，我们还是应当吸取。

所以在这套《开启花季智慧科普丛书》中，我们是希望在课本之外，为青少年的人格修养、人品塑造、人生道路提供一些有益的建议和指导，使他们尽可能地有所收获，少走弯路，更加顺利和健康地成长，并为他们今后的发展打下一个坚实厚重的基础——不单单是知识和学业上的基础。

丛书内容几乎覆盖了我们所能想到的所有方面，从学会面对压力和挫折，到如何培养激励自己；从与人交往之道，到懂得感恩与回馈；从学会读书到守望智慧；从树立远大理想到培养高尚情操……在材料选择上，我们也颇费苦心，力图既富有时代气息，又贴近青少年心理，同时减少说教的口吻。

当然，丛书编得究竟如何，最终还是要看它能不能得到广大青少年的喜爱和认可。限于水平，书中难免会有错误，尚请方家指正。同时也欢迎各位读者提出宝贵的意见和建议。

目 录 Contents

一 突如其来的灾难

感动中国 汶川地震中感人事迹——小英雄林浩

汶川"5·12"大地震发生时，小林浩同其他同学一起迅速向教学楼外转移，未及跑出，便被压在了废墟之下。此时，废墟下的小林浩表现出了与其年龄所不相称的成熟，身为班长的他在废墟下组织同学们唱歌来鼓舞士气，并安慰因惊吓过度而哭泣的女同学。经过两个小时的艰难挣扎，身材矮小而灵活的小林浩终于爬出了废墟。但此时，小林浩班上还有数十名同学被埋在废墟之下。9 岁的小林浩没有惊慌地逃离，而是再次钻到废墟里展开了救援。经过艰难的救援，小林浩将两名同学背出了废墟，在救援过程中，小林浩的头部和上身有多处受伤。

恐怖的灾难

"灾难"其实是一个比较抽象的概念,那么究竟什么是灾难呢?《现代汉语词典》是这样解释的:"天灾人祸所造成的损害和痛苦。"这个概念里面包含几层意思:

首先，灾难的内容包括天灾和人祸，也就是说灾难既包括自然灾害，也包括人为的灾害。自然灾害包括地震、火山爆发、泥石流、海啸、台风、洪水等等。人为的灾害包括火灾、战争、空难、恐怖袭击等。

其次，灾难会造成财产的损失，同时给人们造成生理和心理上的痛苦! 20 世纪十大自然灾害给人类带来了重大损失!

1.通古斯大爆炸

1908 年 6 月 30 日凌晨，西伯利亚偏僻林区降临了一场罕见的惨祸。

有幸逃脱这场灾难的谢苗诺夫回忆说："当时天空出现一道强烈的火光，刹那间一个巨大的火球几乎遮住了半边天空。一声爆炸巨响之后，狂风袭来……"爆炸产生的冲击波，其破坏力相当于 500 枚原子弹和几枚氢弹的威力，一直传到中欧，德国的波茨坦和英国剑桥的地震观测站甚至华盛顿和爪哇岛也得到了同样的记录。

2. 北美黑风暴

1934 年 5 月 11 日凌晨，一场空前未有的黑色风暴降临在美国西部草原地区。整整刮了三天三夜的大风形成一个东西长 2400 公里、南北宽 1440 公里、高 3400 米的巨大黑色风暴带。这个风暴带迅速移动，所过之地，溪水断流，水井干涸，田地龟裂，庄稼枯萎，牲畜渴死，成千上万的人流离失所。

3. 百慕大三角

太平洋上的百慕大三角被称为"魔海""海轮的墓地""魔鬼三角"，轮船、飞机进入该海域时，常会迷失方向、通讯受限或中断，最终神秘失踪，不知所终！据说自从 1945 年以来，在百慕大这片地区已有两百余艘舰船、上百架飞机失事，数千人失踪。百慕大这个黑洞，至今还不被人类所认识。

4. 伦敦大烟雾

1952 年 12 月 4 日，英国伦敦连续的浓雾将近一周不散，工厂和住户排出的烟尘和气体大量在低空聚积，整个城市为浓雾所笼罩，陷入一片灰暗之中。期间，有 4700 多人因呼吸道疾病而死亡；雾散以后又有 8000 多人死去，这次惨烈的大雾事件震惊了全世界。

5. 智利大海啸

智利据说是上帝创造世界后的"最后一块泥巴"，这里的地壳总是不那么宁静。1960 年 5 月，厄运再次来临，陆地像一个巨人翻身一样：海洋在激烈地翻滚；峡谷在惨烈地呼啸；海岸岩石在崩裂，碎石堆满了海滩……这次地震是世界上震级最高、最强烈的地震。震级高达 8.9 级，烈度为 11 度，影响范围在 800 公里长的椭圆区域内。地震过后，引发了大海啸。海啸波以每小时几百公里的速度横扫了太平洋沿岸，把智利的康塞普西翁、塔尔卡瓦诺、奇廉等城市摧毁殆尽，造成 200 多万人无家可归。

6. 秘鲁大雪崩

1970年5月31日20时30分，一场大雪崩发生在秘鲁安第斯山脉的瓦斯卡兰山区。当时，周边地区不少人已经进入了梦乡。突然，远处传来了雷鸣般的响声。随即大地像波涛中的航船一样疯狂、猛烈地颤抖着。原来，由地震诱发的一次大规模的巨大雪崩爆发了。这是迄今为止，世界上最大、最悲惨的雪崩灾难。

7. 喀麦隆湖底毒气

1986年8月21日晚，一声巨响划破了长空。次日清晨，喀麦隆高原美丽的山坡上，水晶蓝色的尼奥斯河突然变得一片血红，尼奥斯湖畔的村落里，房舍、教堂、牲口棚完好无损，街上却没有一个人走动，而屋里全部都是死人！后来专家终于查出了"杀人凶手"原来是喀麦隆湖底突然爆发出来的毒气。

8. 孟加拉国特大水灾

1987年7月，孟加拉国经历了有史以来最大的一次水灾。在短短两个月间，孟加拉国64个县中有47个县受到洪水和暴雨的袭击。联合国就此展开了两项粮食供给计划，仅一项计划的实施每年就要耗资2000万美元。

9. 唐山大地震

1976年7月28日3时42分，能量比日本广岛爆炸的原子弹强烈400倍的大地震发生了。河北省唐山市在瞬间成了一片废墟，20多万人的生命随之陨落……北纬40度线被人们称为"不祥的恐怖线"，这里发生了诸如美国旧金山、葡萄牙里斯本和日本十胜近海等无数次的大地震。

10. 印度鼠疫大流行

1994年9～10月间，印度遭受了一场致命的瘟疫，30万苏拉特市民逃往印度的四面八方，同时也将鼠疫带到了全国各地，恐惧的心理甚至蔓延到了世界各地。

灾难第一种：天灾

地球环境处在一个不断变化的过程之中，它自身的活动以及人类的开发活动都会影响自然的变异，当这种变异给人类社会带来危害时，就构成了自然灾害。自然灾害会给我们的生产生活带来不同程度的损害。灾害都有着消极或破坏的作用。所以说，自然灾害是人与自然矛盾的一种表现形式，具有自然和社会两重属性，是人类始终面对的挑战之一。

世界范围内重大的、突发性自然灾害包括：旱灾、洪涝、台风、风暴潮、冻害、雹灾、海啸、地震、火山、滑坡、泥石流、森林火灾、农林病虫害等。

从人类的历史来看，灾害的发生原因主要有两个：一是自然变异，另一个是人为影响。因此，通常把以自然变异为主因的灾害称之为自然灾害，如地震、海啸、泥石流等；把人为影响为主因的灾害称为人为灾害，如人为引起的火灾、恐怖袭击等。

自然灾害形成的过程有长有短，有缓有急。有些自然灾害，当它的致灾因素的变化超过一定强度时，就会在很短的时间内发生灾害，例如火山爆发、地震、洪水、飓风，这类灾害称为突发性自然灾害。一些自然灾害是在致灾因素长期发展的情况下，逐渐显现成灾的，如土地沙漠化、水土流失等，这类灾害的形成是一个缓慢的过程，通常要几年或更长时间的发展，称为缓发性自然灾害。

许多自然灾害，特别是等级高、强度大的自然灾害发生以后，常常诱发出一连串的其他灾害接连发生，这种现象叫灾害链。灾害链中最早发生的起作用的灾害称为原生灾害；而由原生灾害所诱导出来的灾害则称为次生灾害。自然灾害发生之后破坏了人类生存的和谐条件，由此还可以导生出一系列其他灾害，这些灾害称为衍生灾害。如地震之后，山上的土石松动，可能会导致泥石流的发生，同时泥石流又会破坏地面建筑物以及其他基础设施等。

当然，灾害的过程往往是很复杂的，有时候一种灾害可能是由于几种灾害引起的，或者一种灾害可能会同时引起好几种不同的灾害。这时，灾害类型的确定就要根据起主导作用的灾因和其主要表现形式而定。

（一）自然灾害的特征

自然灾害的发生是突然、不可预测的。自然灾害通常是剧烈的，其破坏力很大。持续时间不确定，有的时间比较长，有的时间很短。灾难包括了很多因素，会造成人员的伤亡、财产的损失以及造成人们心理上的伤害。一次灾难事件持续时间越长，受害者受到的威胁就越大，事件的影响也就越大。另一个影响灾难程度的因素是人们是否提前预备了预警机制以及灾害来临之前人们的准备情况。

（二）中国的自然灾害

我国将自然灾害分为七大类：地质灾害、洪水灾害、气象灾害、海洋灾害、地震灾害、农作物生物灾害、森林生物灾害和森林火灾。但与我们日常生活关系密切的灾害主要有：

1. 地质灾害

自然变异和人为的作用都可能导致地质环境或地质体发生变化，当这种变化达到一定程度时，所产生的滑坡、泥石流、地面下降、地面塌陷、岩石膨胀、土壤盐渍化、土地沙漠化以及地震、火山等后果，会给人类和社会造成危害。将这种现象称为地质危害。地质危害也包括派生的灾害：

（1）泥石流。泥石流是在山区沟谷中，因暴雨、冰雪融化等水源激发的、含有大量泥沙石块的特殊洪流。泥石流对居民点、公路、铁路、水利、水电工程、矿山等都会造成危害。

（2）滑坡。滑坡上的岩石山体由于种种原因在重力作用下在土石松动的位置整体地向下滑动的现象叫滑坡。

（3）崩塌。崩塌也叫崩落、垮塌或塌方，是陡坡上的岩体在重力作用下突然脱离母体崩落、滚动、堆积在坡脚（或沟岩）的地质现象。

按崩塌体物质的组成，崩塌可分为土崩和岩崩两大类。

崩塌一般发生在暴雨及较长时间连续降雨过程中或稍后一段时间，强烈地震过程中，开挖坡脚过程中或稍后一段时间，水库蓄水初期及河流洪峰期，强烈的机械振动及大爆破之后。这些时期都要密切关注土石的动态，西南地区为我国崩塌分布的主要地区。

（4）地面下沉。地面下沉是由于长期干旱，使地下水位降低，加之过量开采地下水；过度开采地下矿产资源，比如煤炭、石油等导致的地面下沉现象。

（5）地震。地震是一种破坏力极大的自然灾害。除了地震直接引起的山崩、地裂、房倒屋塌之外，还会引起火灾、水灾、爆炸、滑坡、泥石流、毒气蔓延、瘟疫等次生灾害。

2. 洪涝

（1）雨涝。雨涝是指大范围的暴雨或特大暴雨所造成的山洪暴发，江河水位陡涨，洪水泛滥，致使农田、房舍、人畜及交通设施等遭到淹没的洪涝灾害，以及低洼地的积水难以排出，造成作物减产失收的渍涝灾害。

（2）洪水。洪水灾害是指水流脱离水道或人工的限制并危及人民生命财产安全的现象。

（3）凌汛灾害。凌汛灾害是因冰凌对水流产生阻力而引起江河水位明显上涨并引起灾害的现象。

（4）地震灾害。例如地震水灾是指因地震而诱发的滑坡堵塞河流或震垮堤坝造成的洪水灾害。

3. 大风灾害

风力达到足以危害人们的生产活动、经济建设和日常生活的风，称为大风。

大风的危害：危害性大风主要指台风、寒潮大风、雷暴大风、龙卷风。根据大风对农业生产的影响，可归纳为机械损伤、风蚀、生理危害、影响农牧业生产活动等几个方面。台风在大风危害中的破坏力最为突出。

4. 热带气旋灾害

热带气旋是一种发生在热带或副热带海洋上的气旋性涡旋。

强烈的热带气旋伴有狂风、暴雨、巨浪、风暴潮，活动范围很广，具有很强的破坏力，是一种重要的灾害性天气系统。我国是世界上少数几个受热带气旋严重影响的国家之一。

5. 冰雹灾害

冰雹是从发展强盛的积雨云中降落到地面的冰块或冰球。根据冰雹大小及其破坏程度，可以把冰雹分为轻雹害、中雹害和重雹害三级。我国是世界上雹灾较多的国家之一。

6. 海洋灾害

（1）风暴潮。来自高纬地带的冷空气与来自海上的热带气旋通过交互影响，使沿海大风与巨浪接连发生，因此形成风暴潮。西太平洋是生产风暴潮最多的地区。

风暴潮的类型：台风型；冷高压配合黄、渤海气旋型；横向冷高压型；强孤立黄、渤海气旋型；强蒙古低压型。

（2）灾害性海浪。在海上引起灾害的海浪叫灾害性海浪。

灾害性海浪的形成：由台风、温带气旋、寒潮等天气系统引起并在强风作用下形成的。

灾害性海浪按天气系统分为：冷高压型（也称寒潮型）；台风型；气旋型；冷高压与气旋配合型。

（3）海冰。海冰是有害水冻结而成的，也包括流入海洋的河冰和冰山等。海冰是极地海域和某些高纬度区域最突出的海洋灾害之一。

海冰造成的灾害包括：推倒海上石油平台，破坏海洋工程设施、航道设施，或撞坏船舶造成重大海难；阻碍船舶航行，损坏螺旋桨或船体，并使其失去航行能力。海冰封锁港湾，使港口不能正常运作或大量增加使用破冰船破冰引航的费用；使渔业休渔期过长和破坏海事养殖设施、场地等，造成经济损失。

海冰灾害主要出现的地点是：我国冬季易于结冰的渤海、黄海北部和辽东半岛沿海海域，以及山东半岛部分海湾。

（4）海啸。海啸主要是太平洋沿岸国家遭受的由于猛烈的地震所引起的海洋灾害。

海啸的形成主要是因为海底地震。引起海啸的海底地震震源较浅，一般要小于 20 ～ 50 公里；震级一般在里氏震级的 6.5 以上；必须有海底的大面积垂直运动；发生海底地震的海区要有一定的水深，尤其是横跨大洋的大海啸，一般水深都在 1000 米以上。

海啸在滨海区域的表现形式是：海水陡涨，骤然形成向岸行进的"水墙"，并伴随着隆隆巨响，瞬时侵入滨海陆地，吞没良田和城镇、村庄，然后海水又骤然退去，或先退后涨，有时反复多次，对人类造成生命财产的巨大损失。

（5）赤潮。赤潮是因海水中一些微小的浮游植物、原生动物或细菌，在一定的环境条件下突发性地增值，引起一定范围内在一段时间中的海水变色现象。

赤潮有很大的危害。赤潮可以引起海洋异变,局部中断海洋食物链,威胁海洋生物的生存;有些赤潮生物向体外排泄或死亡后分解的黏液,妨碍海洋动物滤食和呼吸,从而使其窒息死亡。或赤潮生物所含毒素被海洋动物摄食后造成鱼、虾、贝类等中毒死亡。有的还会使脊椎动物和人类在食用后中毒死亡。

7. 其他灾害比如雷电和冰雹

雷暴是指伴有雷声和闪电现象的天气。雷暴天气时,当云层与地面之间存在一定强度的电位差时,就会发生放电现象,闪电具有很大的能量,可以击到地面或击中某些物体。据研究,雷击的电流强度通常可达几万安培,温度可达摄氏两万度。危害程度非常大。

雷电的危害一般分为两类:一是雷直接击在建筑物上发生热效应作用和电动力作用;二是雷电的二次作用,即雷电流产生的静电感应和电磁感应。雷电的具体危害表现如下:

(1)雷电流高压效应会产生高达数万伏甚至数十万伏的冲击电压,如此巨大的电压瞬间冲击电气设备,足以击穿绝缘使设备发生短路,导致燃烧、爆炸等直接灾害。

(2)雷电流高热效应会放出几十至上千安培的强大电流,并产生大量热能,在雷击点的热量会很高,可导致金属熔化,引发火灾和爆炸。

(3)雷电流机械效应主要表现为被雷击物体发生爆炸、扭曲、崩溃、撕裂等现象导致的财产损失和人员伤亡。

(4)雷电流静电感应可使被击物导体感生出与雷电性质相反的大量电荷,当雷电消失来不及流散时,即会产生很高电压发生放电现象从而导致火灾。

(5)雷电流电磁感应会在雷击点周围产生强大的交变电磁场,其感生出的电流可引起变电器局部过热而导致火灾。

(6)雷电波的侵入和防雷装置上的高电压对建筑物的反击作用也会引起配电装置或电气线路断路而燃烧导致火灾。

冰雹是从发展强盛的积雨云中降落到地面的冰块或冰球。

根据冰雹大小及其破坏程度,可将雹害分为轻雹害、中雹害和重雹害三级。冰雹对农作物的危害相当大,我国是世界上雹灾较多的国家之一。

我国冰雹的地理分布呈现出如下特点:

多雹区:青藏高原多雹区、北方多雹区、南方多雹区。

少雹区:我国的少雹区主要分布在大平原、大沙漠、大盆地。

我国降雹集中的季节主要是春夏季早秋时期。

冰雹是比较难以预报的灾害性天气,气象台以天气雷达、气象卫星监测和天气图等大量实时气象信息对冰雹天气进行追踪和外推预报。民间也有许多预报经验,如"旱年多冰雹""春季多陡风,夏季多冰雹""乌云宝塔形,下边泛红云,冰雹到眼前"等,总结起来预测的方法有六点:

a. 感冷热;

b. 辨风向"不刮东风不天潮,不刮南风不下雹";

c. 看云色;

d. 听雷声;

e. 识闪电;

f. 观物象。

冰雹到来时要注意做到:

(1)得知有关冰雹的天气预报,应将人畜及室外的物品都转移到安全地带。

(2)冰雹来时尽量不要外出,不得已要出门时,应注意保护头、面部。

(3)若冰雹来时你正在室外,应马上寻找可以躲避的地方,最好是坚固的建筑物。

(4)若你正在驾驶汽车或在车内,应立即将车停在可以躲避的地方,切不可贸然前行以免受到不必要的伤害。

(5)有时,冰雹会伴有狂风暴雨,需特别注意预防及躲避。

(三)对人类生产生活危害比较大的自然灾害

1. 泥石流

泥石流的特征往往是突然暴发,浑浊的流体沿着陡峻的山沟奔腾咆哮而下,地面震动、山谷轰鸣,在很短时间内将大量泥沙、石块冲出沟外,在宽阔的堆积区横冲直撞、漫流堆积,常常给人类生命财产造成重大危害。

由于工农业生产的发展,人类对自然资源的开发程度和规模也在不断发展。当人类经济活动违反自然规律时，必然引起大自然的报复，有些泥石流的发生，就是由于人类不合理的开发而造成的。人们不合理开挖可能会诱发泥石流，不合理开挖主要是在修建铁路、公路、水渠以及其他工程建筑的过程中；不合理的弃土、弃渣、采石也会导致泥石流的发生，这种行为形成的泥石流的事例很多。如1973年冬，甘川公路西水附近，施工队在沿公路的沟内开采石料导致1974年7月18日发生泥石流，使15座桥涵淤塞。滥伐乱垦会使植被消失，山坡失去保护、土体疏松、冲沟发育，大大加重水土流失，进而山坡的稳定性被破坏，崩塌、滑坡等不良地质现象发育，结果就很容易产生泥石流。甘肃省白龙江中游现在是我国著名的泥石流多发区。而在1000多年前，那里竹树茂密、山清水秀，后因伐木烧炭，烧山开荒，森林被破坏，才造成泥石流泛滥。

泥石流按其物质成分可分为三类：由大量黏性土和大小不等的砂粒、石块组成的叫做泥石流；以黏性土为主，含少量砂粒、石块、黏度大、呈稠泥状的叫做泥流；由水和大小不等的砂粒、石块组成的称为水石流。

泥石流按其物质状态可分为两类：

一是黏性泥石流，含大量黏性土的泥石流或泥流。其特征是：黏性大，固体物质占40%～60%，最高达80%。其中的水不是搬运介质，而是组成物质，稠度大，石块呈悬浮状态，暴发突然，持续时间也短，破坏力大。

二是稀性泥石流，以水为主要成分，黏性土含量少，固体物质占10%～40%，有很大分散性。水搬运着石块以滚动或跃移方式前进，具有强烈的冲击作用。其堆积物在堆积区呈扇状散流，停积后会形成"石海"。

那么，泥石流是如何形成的呢？

泥石流的形成必须要同时具备以下三个条件：陡峻且便于集水、集物的地形、地貌；有丰富的松散物质；短时间内有大量的水源。

（1）地形地貌条件：在地形上具备山高沟深，地形陡峻，沟床纵度加大，流成形状便于水流汇集。在地貌上，泥石流的地貌一般可分为形成区、流通区和堆积区三部分。上游形成区的地形多为三面环山，一面出口的瓢状或漏斗状；地形比较开阔，周围山高坡陡、山体破碎、植被生长不良，这样的地形有利于水和碎屑物质的集中；中游流通区的地形多为狭窄陡深的峡谷，谷床纵坡度大，使泥石流能迅猛直泻；下游堆积区的地形为开阔平坦的山前平原或河谷阶地，使堆积物有堆积场所。

（2）松散物质来源条件：泥石流常发生于地质构造复杂、断裂褶皱发育、新构造活动强烈、地震烈度较高的地区。地表岩石破碎、崩塌、错落、滑坡等不良地质现象发育，为泥石流的形成提供了丰富的固体物质来源；另外，岩层结构松散、软弱、易于风化或软硬相间成层的地区，因易受破坏，也能为泥石流提供丰富的碎屑物来源；一些人类工程活动，如滥伐森林造成水土流失，开山采矿、采石弃渣等，往往也为泥石流提供大量的物质来源。

（3）水源条件：水既是泥石流的重要组成部分，又是泥石流的激发条件和搬运介质（动力来源），泥石流的水源有暴雨、水雪融水和水库（池）溃决水体等形式。我国泥石流的水源主要是暴雨、长时间的连续降雨等。

我国泥石流的分布明显受地形、地质和降水条件的控制，特别是在地形条件上表现得更为明显。

在我国泥石流集中分布在两个带：一是青藏高原与次一级的高原与盆地之间的接触带；另一个是上述的高原、盆地与东部的低山丘陵或平原的过渡带。

在上述两个带中，泥石流又集中分布在一些大断裂、深大断裂发育的河流沟谷两侧。这是我国泥石流的密度最大、活动最频繁、危害最严重的地带。

在各大型构造带中，具有高频率的泥石流，又往往集中在板岩、片岩、片麻岩、混合花岗岩、千枚岩等变质岩系，及泥岩、页岩、泥灰岩、煤系等软弱岩系和第四系堆积物分布区。

泥石流的分布还与大气降水、水雪融化的显著特征密切相关。即高频率的泥石流，主要分布在气候干湿季较明显、较暖湿、局部暴雨强大、水雪融化快的地区，如云南、四川、甘肃、西藏等。低频率的稀性泥石流主要分布在东北和南方地区。

泥石流的活动强度主要与地形地貌、地质环境和水文气象条件三个方面的因素有关。往往大强度、短时间出现暴雨容易形成泥石流，其强度显然与暴雨的强度密切相关。

泥石流的发生常常是突然的、来势凶猛的，速度非常快。同时可能会有崩塌、滑坡和洪水破坏的双重作用，其危害程度比单一的崩塌、滑坡和洪水发生面积更大、危害更严重。

首先对居民聚集区域的危害很大。泥石流最常见的危害之一就是冲进村庄、城镇，摧毁房屋、工厂等地面场所或设施。同时，人和牲畜的生命都会受到威胁，土地会被淹没。严重的则会迅速吞没村镇，造成人员与财产的重大损失！1969年8月云南省大盈江流域弄璋区南拱泥石流，使新章金、老章金两村被毁，97人丧生，经济损失近百万元。

泥石流还会对交通设施造成重大危害。泥石流的发生可直接埋没车站、铁路、公路，摧毁路基、桥涵等设施，致使交通中断，还可引起正在运行的火车、汽车颠覆，造成重大的人身伤亡事故。有时泥石流汇入河道，引起河道大幅度变迁，间接毁坏公路、铁路及其他构筑物，甚至迫使道路改线，造成巨大的经济损失。如甘川公路394公里处对岸的石门沟，1978年7月暴发泥石流，堵塞白龙江，公路因此被淹1公里，白龙江改道使长约两公里的路基变成了主河道，公路、护岸及渡槽全部被毁。该段线路自1962年以来，由于受对岸泥石流的影响已3次被迫改线。新中国成立以来，泥石流给我国铁路和公路造成了无法估计的巨大损失。

泥石流还会对水利、水电工程造成危害。泥石流可能会冲毁水电站、引水渠道及过沟建筑物，淤埋水电站尾水渠，并淤积水库、磨蚀坝面等。

泥石流还可能对矿山造成危害。泥石流的发生可能会摧毁矿山及其设施，淤埋矿山坑道、伤害矿山人员，造成停工停产，甚至使矿山报废。

2. 滑坡

滑坡是指斜坡上的土石受河流冲刷、地下水活动、地震及人工切坡等因素影响，在重力作用下，沿着一定的软弱面或者软弱带，整体地或者分散地顺坡向下滑动的自然现象。俗称"走山""垮山""地滑""土溜"等。滑坡是斜坡岩土体沿着贯通的剪切破坏面所发生的滑移现象。滑坡的机制是某一滑移面上剪切力超过了该面的抗剪强度所致（依据《2008年国土资源部、水利部、地矿部地质灾害勘察规范》）。

（1）产生滑坡的基本条件

产生滑坡的基本条件是斜坡体前有滑动空间，两侧有切割面。例如中国西南地区，特别是西南丘陵山区，最基本的地形地貌特征就是山体众多，山势陡峻，沟谷河流遍布于山体之中，与之相互切割，因而形成众多的具有足够滑动空间的斜坡体和切割面。广泛存在滑坡发生的基本条件，滑坡灾害相当频繁。

从斜坡的物质组成来看，具有松散土层、碎石土、风化壳和半成岩土层的斜坡抗剪强度低，容易产生变形面下滑；坚硬岩石中由于岩石的抗剪强度较大，能够经受较大的剪切力而不变形滑动。但是如果岩体中存在着滑动面，特别是在暴雨之后，由于水在滑动面上的浸泡，使其抗剪强度大幅度下降而易滑动。

降雨对滑坡的影响很大。降雨对滑坡的作用主要表现在：雨水的大量下渗，导致斜坡上的土石层饱和，甚至在斜坡下部的隔水层上击水，从而增加了滑体的重量，降低土石层的抗剪强度，导致滑坡产生。不少滑坡具有"大雨大滑、小雨小滑、无雨不滑"的特点。

地震对滑坡的影响很大。究其原因，首先是地震的强烈作用使斜坡土石的内部结构发生破坏和变化，原有的结构面张裂、松弛，加上地下水也有较大变化，特别是地下水位的突然升高或降低对斜坡稳定是很不利的。另外，一次强烈地震的发生往往伴随着许多余震，在地震力的反复振动冲击下，斜坡土石体就更容易发生变形，最后就会发展成滑坡。

（2）滑坡活动强度的主要因素

滑坡的活动强度，主要与滑坡的规模、滑移速度、滑移距离及其蓄积的位能和产生的功能有关。一般讲，滑坡体的位置越高、体积越大、移动速度越快、移动距离越远，则滑坡的活动强度也就越高，危害程度也就越大。具体讲来，影响滑坡活动强度的因素有：

①地形：坡度、高差越大，滑坡位能越大，所形成滑坡的滑速越高。斜坡前方地形的开阔程度，对滑移距离的大小有很大影响。地形越开阔，则滑移距离越大。开阔程度对滑移距离的大小有很大影响，地形越开阔，则滑移距离越大。

②岩性：组成滑坡体的岩、土的力学强度越高、越完整，则滑坡往往就越少。构成滑坡滑面的岩、土性质，直接影响着滑速的高低，一般讲，滑坡面的力学强度越低，滑坡体的滑速也就越高。

③地质构造：切割、分离坡体的地质构造越发育，形成滑坡的规模往往也就越大越多。

④诱发因素：诱发滑坡活动的外界因素越强，滑坡的活动强度则越大。如强烈地震、特大暴雨所诱发的滑坡多为大的高速滑坡。

（3）滑坡的人为因素

违反自然规律、破坏斜坡稳定条件的人类活动都会诱发滑坡。例如：

①开挖坡脚：修建铁路、公路，依山建房、建厂等工程，常常因使坡体下部失去支撑而发生下滑。例如我国西南、西北的一些铁路、公路，因修建时大力爆破、强行开挖，事后陆陆续续地在边坡上发生了滑坡，给道路施工、运营带来危害。

②蓄水、排水：水渠和水池的漫溢和渗漏，工业生产用水和废水的排放、农业灌溉等，均易使水流渗入坡体，加大孔隙水压力，使软化岩、土体增大坡体容重，从而促使或诱发滑坡的发生。水库的水位上下急剧变动，加大了坡体的动水压力，也可使斜坡和岸坡诱发滑坡发生。支撑不了过大的重量，失去平衡而沿软弱面下滑。尤其是厂矿废渣的不合理堆弃，常常触发滑坡的发生。

此外，劈山开矿的爆破作用，可使斜坡的岩、土体受震动而破碎产生滑坡；在山坡上乱砍滥伐，使坡体失去保护，扩大了雨水等水体的入渗从而诱发滑坡等等。如果上述的人类作用与不利的自然作用互相结合，则就更容易促进滑坡的发生。

随着经济的发展，人类越来越多的工程活动破坏了自然坡体，因而近年来滑坡的发生越来越频繁，并有愈演愈烈的趋势。

（4）影响滑坡活动的时间规律

滑坡的活动时间主要与诱发滑坡的各种外界因素有关，如地震、降温、冻融、海啸、风暴潮及人类活动等。大致有如下规律：

①同时性：有些滑坡受诱发因素的作用后，立即活动。如强烈地震、暴雨、海啸、风暴潮等发生时和不合理的人类活动，如开挖、爆破等，都会有大量的滑坡出现。

②滞后性：有些滑坡发生时间稍晚于诱发作用因素的时间。如降雨、融雪、海啸、风暴潮及人类活动之后。这种滞后性规律在降雨诱发型滑

坡中表现最为明显，该类滑坡多发生在暴雨、大雨和长时间的连续降雨之后，滞后时间的长短与滑坡体的岩性、结构及降雨量的大小有关。一般讲，滑坡体越松散、裂隙越发育、降雨量越大，则滞后时间越短。此外，人工开挖坡脚之后，堆载及水库蓄、泄水之后发生的滑坡也属于这类。由人为活动因素诱发的滑坡的滞后时间的长短与人类活动的强度大小及滑坡的原先稳定程度有关。人类活动强度越大、滑坡体的稳定程度越低，则滞后时间越短。

（5）滑坡前的异常现象

不同类型、不同性质、不同特点的滑坡，在滑动之前，均会表现出不同的异常现象，显示出滑坡的预兆（前兆）。归纳起来常见的有如下几种：

①大滑动之前，在滑坡前缘坡脚处，有堵塞多年的泉水复活现象，或者出现泉水（井水）突然干枯，井（钻孔）水位突变等类似的异常现象。

②在滑坡体中，前部出现横向及纵向放射状裂缝，它反映了滑坡体向前推挤并受到阻碍，已进入临滑状态。

③大滑动之前，滑坡体前缘坡脚处，土体出现上隆（凸起）现象，这是滑坡明显的向前推挤现象。

④大滑动之前，有岩石开裂或被剪切挤压的音响。这种现象反映了深部变形与破裂。动物对此十分敏感，有异常反映。

⑤临滑之前，滑坡体四周岩（土）体会出现小型崩塌和松弛现象。

⑥如果在滑坡体有长期位移观测资料，那么大滑动之前，无论是水平位移量或垂直位移量，均会出现加速变化的趋势。这是临滑的明显迹象。

⑦滑坡后缘的裂缝急剧扩展，并从裂缝中冒出热气或冷风。

⑧临滑之前，在滑坡体范围内的动物惊恐异常，植物变态。如猪、狗、牛惊恐不宁，不入睡，老鼠乱窜不进洞，树木枯萎或歪斜等。

（6）滑坡的识别方法

在野外，从宏观角度观察滑坡体，可以根据一些外表迹象和特征，可粗略地判断它的稳定性。

已稳定的老滑坡体有以下特征：

①后壁较高，长满了树木，找不到擦痕，且十分稳定；

②滑坡平台宽大且已夷平，土体密实，有沉陷现象；

③滑坡前缘的斜坡较陡，土体密实，长满树木，无松散崩塌现象。前缘迎河部分有被河水冲刷过的现象；

④目前的河水远离滑坡的舌部，甚至在舌部外已有漫滩、阶地分布；

⑤滑坡体两侧的自然冲刷沟切割很深，甚至已达基岩；

⑥滑坡体舌部的坡脚有清晰的泉水流出等等。

不稳定的滑坡体一般有下列迹象：

①滑坡体表面总体坡度较陡，而且延伸很长，坡面高低不平；

②有滑坡平台、面积不大，且有向下缓倾和未夷平现象；

③滑坡表面有泉水、湿地，且有新生冲沟；

④滑坡表面有不均匀沉陷的局部平台，参差不齐；

⑤滑坡前缘土石松散，小型坍塌时有发生，并面临河水冲刷的危险；

⑥滑坡体上无巨大直立树木。

3. 龙卷风

龙卷风是一种强烈的、小范围的空气涡旋，它是在非常不稳定的天气下由于空气强烈对流运动而产生的，由雷暴云底伸展至地面的漏斗状云（龙卷）产生的强烈的旋风，其风力可达 12 级以上，可达每秒 100 米以上，最大的可以达到每秒 300 米以上，一般伴有雷雨或者冰雹。

龙卷风是云层中雷暴的产物。具体地说，龙卷风就是雷暴巨大能量中的一小部分在很小的区域内集中释放的一种形式。空气绕龙卷的轴快速旋转，受龙卷中心气压极度减小的吸引，近地面几十米厚的一薄层空气内，气流被从四面八方吸入涡旋的底部，并随即变为绕轴心向上的涡流。龙卷中的风总是气旋性的，其中心的气压可以比周围气压低 10%。它具有很大的吸吮作用，可把海（湖）水吸离海（湖）面，形成水柱，然后同云相接，俗称"龙取水"（龙卷风的别名。龙卷风，因为与古代神话里从波涛中蹿出、腾云驾雾的东海蛟龙很相像而得名，它还有不少的别名，如"龙吸水""龙摆尾""倒挂龙"等等）。由于龙卷风内部空气极为稀薄，导致温度急剧降低，促使水汽迅速凝结，这是形成漏斗云柱的重要原因。漏斗云柱的直径平均只有 250 米左右。龙卷风产生于强烈不稳定的积雨云中，它的形成与暖湿空气强烈上升、冷空气向下、地形作用等有关。它一般只能维持十几分钟到一两个小时，但其破坏力却是非常强大，能把大树连根拔起，建筑物吹倒，或把部分地面物卷至空中。

1995 年在美国俄克拉荷马州阿得莫尔市发生的一场陆地龙卷风，连屋顶之类的重物都被吹出几十英里远。大多数碎片落在龙卷通道的左侧，按重量不等常常有很明确的降落地带。较轻的碎片可能会飞出 300 多公里才落地。

龙卷的袭击突然而猛烈，产生的风是地面上最强的。强龙卷风过后的地面会出现一片狼藉，甚至会出现人员伤亡情况。在美国，龙卷风每年造成的死亡人数仅次于雷电。它对建筑的破坏也相当严重，经常是毁灭性的。

（1）龙卷风的防范措施

①在家时，务必远离门、窗和房屋的外围墙壁，躲到与龙卷风方向相反的墙壁或小房间内抱头蹲下。躲避龙卷风最安全的地方是地下室或半地下室。

②在电杆倒、房屋塌的紧急情况下，应及时切断电源，以防止电击人体或引起火灾。

③在野外遇龙卷风时，应就近寻找低洼地伏于地面，但要远离大树、电杆，以免被砸、被压和触电。

④汽车外出遇到龙卷风时，千万不能开车躲避，也不要在汽车中躲避，因为汽车对龙卷风几乎没有防御能力，应立即离开汽车，到低洼地躲避。

在 1999 年 5 月 27 日，美国得克萨斯州中部，包括首府奥斯汀在内的 4 个县遭受特大龙卷风袭击，造成至少 32 人死亡，数十人受伤。据报道，在离奥斯汀市北部 40 英里的贾雷尔镇，有 50 多所房屋倒塌，已有 30 多人在龙卷风中丧生。遭到破坏的地区长达 1 千米，宽 200 米。这是继 5 月 13 日迈阿密市遭龙卷风袭击之后美国又一遭受龙卷风的地区。

一般情况下，龙卷风是一种气旋。它在接触地面时，直径在几米到 1 公里不等，平均在几百米。龙卷风影响范围从数米到几十上百公里，所到之处万物遭劫。龙卷风漏斗状中心由吸起的尘土和凝聚的水汽组成可见的"龙嘴"。在海洋上，尤其是在热带，发生类似的景象称为"海

17

上龙卷风"。

　　大多数龙卷风在北半球是逆时针旋转，在南半球是顺时针，也有例外情况。龙卷风形成的确切机理仍在研究中，一般认为是与大气的剧烈活动有关。

　　从 19 世纪以来，天气预报的准确性大大提高，气象雷达能够监测到龙卷风、飓风等各种灾害风暴。

　　龙卷风通常是极其快速的，每秒钟 100 米的风速不足为奇，甚至达到每秒钟 175 米以上，比 12 级台风还要大五六倍。风的范围很小，一般直径只有 25 ～ 100 米，只在极少数的情况下直径才达到 1 公里以上；从发生到消失只有几分钟，最多两个小时。

　　龙卷风的力气也是很大的。1956 年 9 有 24 日上海曾发生过一次龙卷风，它轻而易举地把一个 11 万公斤重的大储油桶"举"到 15 米高的高空，再甩到 120 米以外的地方。

　　1879 年 5 月 30 日下午 4 时，在堪萨斯州北方的上空有两块又黑又浓的乌云合并在一起。15 分钟后在云层下端产生了旋涡。旋涡迅速增长，变成一根顶天立地的巨大风柱，在三个小时内像一条孽龙似的在整个州内胡作非为，所到之处无一幸免。但是，最奇怪的事是发生在刚开始的时候，龙卷风旋涡横过一条小河，遇上了一座峭壁，显然是无法超过这个障碍物，旋涡便折抽西进，那边恰巧有一座新造的 75 米长的铁路桥。龙卷风旋涡竟将它从石桥墩上"拔"起，把它扭了几扭然后抛到水中。

　　（2）龙卷风的探测

　　龙卷风长期以来一直是个谜，正是因为这个理由，所以有必要去了解它。龙卷风的袭击突然而猛烈，产生的风是地面最强的。由于它的出现和分散都十分突然，所以很难对它进行有效的观测。

　　4. 海啸

　　海啸是一种具有强大破坏力的灾难性海浪，主要是由海底地震引起的，火山爆发或水下塌陷和滑坡等大地活动都可能引起海啸。当地震震波的动力引起海水剧烈地起伏时形成了强大的波浪，向前推进，将沿海地带淹没的灾害，称为海啸。

　　目前，人类对地震、火山、海啸等突如其来的灾变，只能通过观察、预测来预防或减少它们所造成的损失，但还不能阻止它们的发生。

（1）海啸的形成与危害

海啸通常由震源在海底下 50 公里以内、里氏 6.5 级以上的海底地震引起。海啸波长比海洋的最大深度还要大，在海底附近传播也没受多大阻滞，不管海洋深度如何，震波都可以传播过去，海啸在海洋的传播速度大约每小时 500～1000 公里，而相邻两个浪头的距离也可能远达 500～650 公里。当海啸波接近陆地后，由于深度变浅，波高突然增大，它的这种波浪运动所卷起的海涛，波高可达数十米，并形成"水墙"。

由地震引起的波动与海面上的海浪不同，一般海浪只在一定深度的水层波动，而地震所引起的水体波动是从海面到海底整个水层的起伏。此外，海底火山爆发、土崩及人为的水底核爆也能造成海啸。此外，陨石撞击也会造成海啸，"水墙"可达百尺。而且陨石造成的海啸在任何水域都有机会发生，不一定在地震带。不过陨石造成的海啸可能千年才会发生一次。

海啸同风产生的浪或潮是有很大差异的。微风吹过海洋，泛起相对较短的波浪，相应产生的水流仅限于浅层水体。猛烈的大风能够在辽阔的海洋卷起高 3 米以上的海浪，但也不能撼动深处的水。而潮汐每天席卷全球两次，它产生的海流跟海啸一样能深入海洋底部，但是海啸并非由月亮或太阳的引力引起，它由海下地震推动所产生，或由火山爆发、陨星撞击或水下滑坡所产生。海啸波浪在深海的速度能够超过每小时 700 公里，可轻松地与波音 747 飞机保持同步。虽然速度快，但在深水中海啸并不危险，低于几米的一次单个波浪在开阔的海洋中其长度可超过 750 公里。这种作用产生的海表倾斜如此之细微，以致这种波浪通常在深水中不经意间就过去了。如果海啸到达岸边，"水墙"就会冲上陆地，对人类生命和财产造成严重威胁。

根据现代板块结构学说的观点，智利是太平洋板块与南美洲板块相互碰撞的俯冲地带，处在环太平洋火山活动带上。这种特殊的地质结构，造成了智利处于极不稳定的地表之上。自古以来，这里火山不断喷发，地震连连发生，海啸频频出现，灾难时常降临。1960 年 5 月 21 日凌晨开始，在智利的蒙特港附近海底，突然发生了世界地震史上罕见的强烈地震。大小地震一直持续到 6 月 23 日，在前后一个多月的时间内，先后发生了 225 次不同震级的地震。震级在 7 级以上的有十几次之多，其中震级大于 8 级的有 3 次。

地震能引发海啸，因此海啸的预警信号要由地震监测系统提供。在全球地震多发地带如太平洋沿岸、印度洋沿岸都应该有完善的地震监测网络。

剧烈震动之后不久，巨浪呼啸，以摧枯拉朽之势，越过海岸线，越过田野，迅猛地袭击着岸边的城市和村庄，瞬时人们都消失在巨浪中。港口所有设施，被震塌的建筑物，在狂涛的洗劫下，被席卷一空。事后，海滩上一片狼藉，到处是残木破板和人畜尸体。地震海啸给人类带来的灾难是十分巨大的。

（2）到目前为止，造成较大规模破坏的海啸有：

1883 年 8 月 25 日，荷属东印度群岛上火山爆发引起的海啸，使 3.6 万人死亡。

1896 年，日本发生 7.6 级地震，地震引发的海啸造成 2 万多人死亡。

1906 年，哥伦比亚附近海域发生地震，海啸使哥伦比亚、厄瓜多尔一些城市受灾。

1960 年，临近智利中南部的太平洋海底发生 9.5 级地震（有史以来最强烈的地震），并引发历史上最大的海啸，波及整个太平洋沿岸国家，造成数万人死亡，就连远在太平洋东边的日本和俄罗斯也有数百人遇难。

1998 年 7 月，两个 7.0 级的海底地震，造成巴布亚新几内亚约 2100 人丧生。

2004 年 12 月 26 日，印尼的苏门答腊外海发生芮氏地震 9 级海底地震。海啸袭击斯里兰卡、印度、泰国、印尼、马来西亚、孟加拉、马尔代夫、缅甸和非洲东岸等国，造成 30 余万人丧生。准确死亡数字已无法统计。

5. 地震

地震就是地球表层的快速振动，在古代又称为地动。它就像刮风、下雨、闪电、山崩、火山爆发一样，是地球上经常发生的一种自然现象。它发源于地下某一点，振动从震源传出，在地球中传播。地面上离震源最近的一点称为震中，它是接受振动最早的部位。大地振动是地震最直观、最普遍的表现。在海底或滨海地区发生的强烈地震，能引起巨大的波浪，称为海啸。地震是极其频繁的，全球每年发生地震约 500 万次，其影响不容忽视。

地球的结构可分为三层，与鸡蛋比较相似。中心层是"蛋黄"——地核；中间是"蛋清"——地幔；外层是"蛋壳"——地壳。地震一般发生在地壳之中。地球在不停地自转和公转，同时地壳内部也在不停地变化。由此而产生力的作用，使地壳岩层变形、断裂、错动，于是便发生地震。

地下发生地震的地方叫震源。从震源垂直向上到地表的地方叫震中。从震中到震源的距离叫震源深度。震源深度小于 70 公里的地震为浅源地震，如 1976 年的唐山地震的震源深度为 12 公里。在 70～300 公里之间的地震为中源地震，超过 300 公里的地震为深源地震。震源深度最深的地震是 1963 年发生印度尼西亚伊瑞安查亚省北部海域的 5.8 级地震，震源深度 786 公里。对于同样大小的地震，由于震源深度不一样，对地面造成的破坏程度也不一样。震源越浅，破坏越大，但波及范围也越小，反之亦然。某地与震中的距离叫震中距。震中距小于 100 公里的地震称为地方震，在 100～1000 公里之间的地震称为近震，大于 1000 公里的地震称为远震，其中，震中距越远的地方受到的影响和破坏越小。

地震所引起的地面振动是一种复杂的运动，它是由纵波和横波共同作用的结果。在震中区，纵波使地面上下颠动，横波使地面水平晃动。由于纵波传播速度较快，衰减也较快，横波传播速度较慢，衰减也较慢，因此离震中较远的地方，往往感觉不到上下跳动，但能感到水平晃动。

当某地发生一个较大的地震时，在一段时间内，往往会发生一系列的地震，其中最大的一个地震叫做主震，主震之前发生的地震叫前震，主震之后发生的地震叫余震。

地震的震级是指地震的大小，是以地震仪测定的每次地震活动释放的能量多少来确定的。我国目前使用的震级标准是国际上通用的里氏分级表，共分 9 个等级。在实际测量中，震级则是根据地震仪对地震波所作的记录计算出来的。地震愈大，震级的数字也愈大，震级每差 1 级，通过地震被释放的能量约差 30 倍。一个 6 级地震释放的能量相当于美国投掷在日本广岛的原子弹所具有的能量。目前世界上最大的地震的震级为 8.9 级。

按震级大小可把地震划分为以下几类：

（1）震级小于 3 级的称为弱震。如果震源不是很浅，这种地震人们一般不易觉察。

（2）震级等于或大于 3 级、小于或等于 4.5 级的称为有感地震。这种地震人们能够感觉到，但一般不会造成破坏。

（3）震级大于 4.5 级、小于 6 级的称为中强震。这种地震是可以造成破坏的，但破坏轻重还与震源深度、震中距等多种因素有关。

（4）震级等于或大于 6 级的称为强震。其中震级大于等于 8 级的又称为巨大地震。2008 年发生的四川汶川大地震就属于巨大地震，震级为 8 级。

地震烈度是距震中不同距离上地面及建筑物、构筑物遭受地震破坏的程度。我国将地震烈度分为 12 度。地震烈度和地震震级是两个概念，如唐山 7.8 级地震，唐山市的地震烈度是 11 度，天津中心市区的烈度是 8 度，石家庄的烈度是 5 度。

中国地震烈度表

1 度：无感。仅仪器能记录到。

2 度：微有感。个别敏感的人在完全静止中有感。

3 度：少有感。室内少数人在静止中有感，悬挂物轻微摆动。

4 度：多有感。室内大多数人、室外少数人有感，悬挂物摆动，不稳器皿作响。

5 度：惊醒。室外大多数人有感，家畜不宁，门窗作响，墙壁表面出现裂纹。

6 度：惊慌。人站立不稳，家畜外逃，器皿翻落，简陋棚舍损坏，陡坎滑坡。

7 度：房屋损坏。房屋轻微损坏，牌坊。烟囱损坏，地表出现裂缝及喷沙冒水。

8 度：建筑物破坏。房屋多有损坏，少数路基遭破坏塌方，地下管道破裂。

9度：建筑物普遍遭破坏。房屋大多数遭破坏，少数倾倒，牌坊、烟囱等崩塌，铁轨弯曲。

10度：建筑物普遍摧毁。房屋倾倒，道路毁坏，山石大量崩塌，水面大浪扑岸。

11度：毁灭。房屋大量倒塌，路基堤岸大段崩毁，地表产生很大变化。

12度：山川易景。一切建筑物普遍被毁坏，地形剧烈变化，动植物遭毁灭。

引起地震的原因很多，根据地震的成因可以把地震分为以下几种：

（1）构造地震：由于地下深处岩层错动、破裂所造成的地震称为构造地震。这类地震发生的次数最多，破坏力也最大，约占全世界地震的90%以上。

（2）火山地震：由于火山作用，如岩浆活动、气体爆炸等引起的地震称为火山地震。只有在火山活动区才可能发生火山地震，这类地震只占全世界地震的7%左右。

（3）塌陷地震：由于地下岩洞或矿井顶部塌陷而引起的地震称为塌陷地震。这类地震的规模比较小，次数也很少，即使有也往往发生在溶洞密布的石灰岩地区或大规模地下开采的矿区。

（4）诱发地震：由于水库蓄水、油田注水等活动而引发的地震称为诱发地震。这类地震仅仅在某些特定的水库库区或油田地区发生。

（5）人工地震：地下核爆炸、炸药爆破等人为引起的地面振动称为人工地震。

人工地震是由人为活动引起的地震。如工业爆破、地下核爆炸造成的振动；在深井中进行高压注水以及大水库蓄水后增加了地壳的压力，有时也会诱发地震。地震发生时，最基本的现象是地面的连续振动，主要是明显的晃动。极震区的人在感到大的晃动之前，有时首先感到上下跳动。这是因为地震波从地内向地面传来，纵波首先到达的缘故。横波接着产生大振幅的水平方向的晃动，是造成地震灾害的主要原因。1960年智利大地震发生时，最大的晃动持续了3分钟。地震造成的灾害首先是破坏房屋和构筑物，如1976年中国河北唐山地震中，70%～80%的建筑物倒塌，人员伤亡惨重。

地震对自然界景观也有很大影响。最主要的后果是地面出现断层和裂缝。大地震的地表断层常绵延几十至几百公里，往往具有较明显的垂直错距和水平错距，能反映出震源处的构造变动特征（如旧金山大地震）。但并不是所有的地表断裂都直接与震源的运动相联系，它们也可能是由于地震波造成的次生影响。特别是地表沉积层较厚的地区，如坡地边缘、河岸和道路两旁，常出现地裂缝，这往往是由于地形因素，在一侧没有依托的条件下晃动使表土松垮和崩裂。地震的晃动使表土下沉，浅层的地下水受挤压会沿地裂缝上升至地表，形成喷沙冒水现象。大地震能使局部地形改观，或隆起，或沉降，使城乡道路坼裂、铁轨扭曲、桥梁折断。在现代化城市中，地下管道破裂和电缆被切断会造成停水、停电和通讯受阻；煤气、有毒气体和放射性物质泄漏可导致火灾和毒物、放射性污染等次生灾害。在山区，地震还能引起山崩和滑坡，常会掩埋村镇。崩塌的山石堵塞江河，在上游形成地震湖。1923年日本关东大地震时，神奈川县发生泥石流，顺山谷下滑，远达5公里。

（1）全球两大地震带

环太平洋地震带：分布在太平洋周围，像一个巨大的花环，把大陆与海洋分隔开来。

地中海—喜马拉雅地震带：从地中海向东，一支经中亚至喜马拉雅山，然后向南经我国横断山脉，过缅甸，呈弧形转向东，至印度尼西亚；另一支从中亚向东北延伸，至堪察加，分布比较零散。

我国地处全球两大地震带之间，是一个多地震国家，地震带主要分布在：东南—台湾和福建沿海一带，华北—太行山沿线和京津唐渤地区，西南—青藏高原、云南和四川西部，西北—新疆和陕甘宁部分地区。

（2）我国的地震情况概述

我国东临太平洋地震带，南接欧亚地震带，地震区分布很广。由于我国所处的地理环境，使得地震情况比较复杂。从历史地震状况来看，全国除个别省份（例如浙江、江西等）外，绝大部分地区地震活动相当强烈，如我国台湾省地震最多，新疆、西藏次之，西南、西北、华北和东南沿海地区也是破坏性地震较多的地区。我国地震活动分布范围广，据历史记载，我国的绝大多数省份都曾发生过 6 级以上的地震，地震基本烈度达到 6 度及以上地区的面积占全部国土面积的 79%。由于地震活动范围广，震中分散，随机性强，加之地震预报科学研究的滞后，以致不易捕捉地震发生的具体地点，难以集中采取防御措施。我国的地震震源浅，强度大，且大部分发生在大陆地区。绝大多数的震源深度为 20～30 公里，对地面建筑物和工程设施损坏较重。

（3）地震的预报

地震和刮风下雨一样，都是一种自然现象，在它来临之前是有前兆的。特别是强烈地震，在孕育过程中总会引起地下和地上各种物理及化学变化，给人们提供信息，只要人们认真观测并掌握地震前兆的规律，地震预报总有一天会实现（但是目前还不能实现）。

在震前的一段时间内，震区附近总会出现一些异常变化。如地下水的变化，突然升、降或变味、发浑、发响、冒泡；气象的变化，如天气骤冷、骤热，出现大旱、大涝；电磁场的变化；临震前动物、植物的异常反应；等等。根据这些反应进行综合研究，再加上专业部门从地震机制、地震地质、地球物理、地球化学、生物变化、天体影响及气象异常等方面进行研究，并把利用仪器观测的数据进行处理分析，可以对发震的时间、地点和震级进行预报。但是，由于地震成因的复杂性和发震的突然性，以及现时的科学水平有限，直到目前地震预报还是一个世界性的难题，在世界上尚无一个可靠途径和手段能准确地预报所有破坏性地震。为此各国地震工作者和专家都在努力探索。

地震预报一般由省级人民政府发布，情况紧急时，可由市、县人民政府发布 48 小时内的临震警报，并同时向上级报告。其他任何单位和个人都无权发布地震预报消息。

（4）地震的紧急避险措施

①有感地震时应采取的应急行动

有感地震是指发生的地震级别较低，有明显震感，没有造成破坏或重大破坏的地震。

应急要点：

发生有感地震后，室内人员不知道地震强弱的情况下，应迅速按预先选定的较安全的室内避震点分头躲避。

震后快速撤到室外，注意收听、收看电台、电视台播发的有关新闻，做好防震准备。

了解震情趋势，不听信、传播谣言，确保社会稳定。

②破坏性地震时应采取的应急行动

破坏性地震是指发生地震级别较大，造成一定的人员伤亡和建筑物被破坏或造成重大的人员伤亡和建筑物被破坏的地震。

应急要点：

住平房的居民遇到级别较大地震时，如室外空旷，应迅速跑到屋外躲避，尽量避开高大建筑物、立交桥，远离高压线及化学、煤气等工厂或设施；来不及跑时可躲在桌下、床下及坚固的家具旁，并用毛巾或衣物捂住口鼻防尘、防烟。

住在楼房的居民，应选择厨房、卫生间等较小的空间避震；也可以躲在内墙根、墙角、坚固的家具旁等容易于形成三角空间的地方；要远离外墙、门窗和阳台；不要使用电梯，更不能跳楼。

尽快关闭电源、火源。

正在教室上课、工作场所工作、公共场所活动时，应迅速包头、闭眼，在讲台、课桌、工作台和办公家具下边等地方躲避。

正在野外活动时，应尽量避开山脚、陡崖，以防滚石和滑坡；如遇山崩，要向远离滚石前进方向的两侧跑。

正在海边游玩时，应迅速远离海边，以防地震引起海啸。

驾车行驶时，应迅速躲开立交桥、陡崖、电线杆等，并尽快选择空旷处立即停车。

身体遭到地震伤害时，应设法清除压在身上的物体，尽可能用湿毛巾等捂住口鼻防尘、防烟；用石块或铁器等敲击物体与外界联系，不要大声呼救，注意保存体力；设法用砖石等支撑上方不稳的重物，保护自己的生存空间。

（5）中国十大地震

1556年中国陕西华县8级地震，死亡人数高达83万人。

1668年7月25日晚8时左右，山东郯城大地震震级为8.5级，波及 8 省 161 县，是中国历史上地震中最大的地震之一，破坏区面积达 50 万平方公里以上，史称"旷古奇灾"。

1920 年 12 月 16 日 20 时 5 分 53 秒，中国宁夏海原县发生震级为 8.5 级的强烈地震。死亡 24 万人，毁城四座，数十座县城遭受破坏。

1927 年 5 月 23 日 6 时 32 分 47 秒，中国甘肃古浪发生震级为 8 级的强烈地震。死亡 4 万余人。地震发生时，土地开裂，冒出发绿的黑水，硫磺毒气横溢，熏死饥民无数。

1932 年 12 月 25 日 10 时 4 分 27 秒，中国甘肃昌马堡发生震级为 7.6 级的大地震。死亡 7 万人。地震发生时，有黄风白光在黄土墙头"扑来扑去"；山岩乱蹦冒出灰尘，中国著名古迹嘉峪关城楼被震坍一角；疏勒河南岸雪峰崩塌；千佛洞落石滚滚……余震频频，持续竟达半年。

1950 年 8 月 15 日 22 时 9 分 34 秒，中国西藏察隅县发生震级为 8.6 级的强烈地震。喜马拉雅山几十万平方公里大地瞬间面目全非：雅鲁藏布江在山崩中被截成四段；整座村庄被抛到江对岸。

邢台地震由两个大地震组成：1966 年 3 月 8 日 5 时 29 分 14 秒，河北省邢台专区隆尧县发生震级为 6.8 级的大地震；1966 年 3 月 22 日 16 时 19 分 46 秒，河北省邢台专区宁晋县发生震级为 7.2 级的大地震，共死亡 8064 人，伤 38000 人，经济损失 10 亿元。

1970 年 1 月 5 日 1 时 0 分 34 秒，中国云南省通海县发生震级为 7.7 级的大地震。死亡 15621 人，伤残 32431 人。

1976 年 7 月 28 日 3 时 42 分 54 点 2 秒，中国河北省唐山市发生震级为 7.8 级的大地震。死亡 24.2 万人，重伤 16 万人，一座重工业城市毁于一旦，直接经济损失 100 亿元以上，为 20 世纪世界上人员伤亡最大的地震。

2008 年 5 月 12 日 14 时 28 分，四川省汶川县发生震级为 8.0 级强烈地震，直接严重受灾地区达 10 万平方公里。

（6）全球 20 世纪以来的最强地震

苏门答腊岛附近海域 2005 年 3 月 28 日（北京时间 29 日零时 9 分）发生里氏 8.5 级地震，这是自 1900 年以来人类历史上发生的 13 次最强烈地震之一。以下是 13 次大地震的基本情况（按震级排列）：

①智利大地震（1960年5月22日）:里氏8.9级（又有报为9.5级）。发生在智利中部海域，并引发海啸及火山爆发。此次地震共导致5000人死亡，200万人无家可归。此次地震为历史上震级最高的一次地震。

②美国阿拉斯加大地震（1964年3月28日）：里氏8.8级。此次引发海啸，导致125人死亡，财产损失达3.11亿美元。阿拉斯加州大部分地区、加拿大育空地区及哥伦比亚等地都有强烈震感。

③美国阿拉斯加大地震（1957年3月9日）：里氏8.7级，发生在美国阿拉斯加州安德里亚岛及乌那克岛附近海域。地震导致休眠长达200年的维塞维朵夫火山喷发，并引发15米高的大海啸，影响远至夏威夷岛。

④（并列）印度尼西亚大地震（2004年12月26日）：里氏8.7级，发生在位于印度尼西亚苏门答腊岛上的亚齐省。地震引发的海啸席卷斯里兰卡、泰国、印度尼西亚及印度等国，导致约30万人失踪或死亡。

⑤（并列）俄罗斯大地震（1952年11月4日）：里氏8.7级。此次地震引发的海啸波及夏威夷群岛，但没有造成人员伤亡。

⑥厄瓜多尔大地震（1906年1月31日）：里氏8.8级，发生在厄瓜多尔及哥伦比亚沿岸。地震引发强烈海啸，导致1000多人死亡。中美洲沿岸、圣费朗西斯科及日本等地都有震感。

⑦（并列）印度尼西亚大地震（2005年3月28日）：里氏8.7级，震中位于印度尼西亚苏门答腊岛以北海域，离三个月前发生9.0级地震位置不远。目前已经造成1000人死亡，但并未引发海啸。

⑧（并列）美国阿拉斯加大地震（1965年2月4日）：里氏8.7级。地震引发高达10.7米的海啸，席卷了整个舒曼雅岛。

⑨中国西藏大地震（1950年8月15日）：里氏8.6级。2000余座房屋及寺庙被毁。印度雅鲁藏布江流域损失最为惨重，至少有1500人死亡。

⑩（并列）俄罗斯大地震（1923年2月3日）：里氏8.5级，发生在俄罗斯堪察加半岛。

⑪（并列）印度尼西亚大地震（1938年2月3日）：里氏8.5级，发生在印度尼西亚班达附近海域。地震引发海啸及火山喷发，人员及财

产损失惨重。

⑫（并列）俄罗斯千岛群岛大地震（1963年10月13日）：里氏8.5级，并波及日本及俄罗斯等地。

⑬中国四川汶川大地震（2008年5月12日）：里氏8级，震中位于阿坝州汶川县，并波及大半个中国及海外等地，人员及财产损失惨重。

（7）关于地震的谚语

①

　　　牛马驴骡不进厩，猪不吃食拱又闹；
　　　羊儿不安惨声叫，兔子竖耳蹦又跳；
　　　狗上房屋狂吠嚎，家猫惊闹往外逃；
　　　鸡不进窝树上栖，鸽子惊飞不回巢；
　　　老鼠成群忙搬家，黄鼠狼子结队跑；
　　　冰天雪地蛇出洞，冬眠动物复苏早；
　　　倾听大雁定向飞，蜜蜂群迁跑光了；
　　　青蛙蛤蟆细无声，鱼翻白肚水上跃；
　　　野鸡乱叫怪声啼，蝉儿下树不鸣叫；
　　　园中虎豹不吃食，熊猫麋鹿惊怪嚎；
　　　大鲵上岸哇哇叫，金鱼出缸笼鸟吵。

②

　　　响声一报告，地震就来到。
　　　大震声发沉，小震声发尖。
　　　响得长，在远程；响得短，离不远。
　　　先听响，后地动，听到响声快行动。
　　　上下颠一颠，来回晃半天。
　　　离得近，上下蹦；离得远，左右摆。
　　　上下颠，在眼前；晃来晃去在天边。
　　　房子东西摆，地震东西来；要是南北摆，它就南北来。
　　　喷沙冒水沿条道，地下正是故河道。
　　　冒水喷沙哪最多？涝洼碱地不用说。
　　　豆腐一挤，出水出渣；地震一闹，喷水喷沙。

洼地重，平地轻；沙地重，土地轻。

砖包土坯墙，抗震最不强。

酥在颠劲上，倒在晃劲上。

女儿墙，房檐围，地震一来最倒霉。

地基牢一点，离河远一点；

墙壁好一点，联结紧一点；

房子矮一点，房顶轻一点；

布局合理点，样子简单点；

要想再好点，互相多学点。

地震闹，雨常到，不是霆来就是暴。

阴历十五搭初一，家里做活多注意。

井水是个宝，前兆来得早。

地下水，有前兆：

不是涨，就是落；

甜变苦，苦变甜；

又发浑，又翻沙；

见到了，要报告；

为什么？闹预报。

6.洪水

　　河、湖、海所含的水体上涨，超过常规水位的水流现象。洪水经常威胁沿河、滨湖、近海地区的安全，甚至造成淹没灾害。自古以来洪水给人类带来很多灾难，如黄河和恒河下游常泛滥成灾，造成重大损失。但有的河流洪水也给人类带来一些利益，如尼罗河洪水定期泛滥给下游三角洲平原农田淤积肥沃的泥沙，有利于农业生产。

　　"洪水"一词，在中国出自先秦《尚书·尧典》。该书记载了4000多年前黄河的洪水。据中国历史洪水调查资料，公元前206～1949年间，有1092年有较大水灾的记录。在西亚的底格里斯——幼发拉底河以及非洲的尼罗河发生洪水的记载，则可追溯到公元前40世纪。

　　那么，洪水都有哪些类型呢？

　　（1）雨洪水：在中低纬度地带，洪水的发生多由降雨形成。大江大河的流域面积大，且有河网、湖泊和水库的调蓄，不同场次的雨在不同支流所形成的洪峰汇集到干流时，各支流的洪水往往相互叠加，组成历时较长涨落较平缓的洪峰。小河的流域面积和河网的调蓄能力较小，一次降雨它就形成一次涨落迅猛的洪峰。

（2）山洪：山区溪沟，由于地面和河床坡度都较陡，降雨后产流、汇流都较快，形成急剧涨落的洪峰。

（3）泥石流：雨引起山坡或岸壁的崩坍，大量泥石连同水流下泄而形成。

（4）融雪洪水：在高纬度严寒地区，冬季积雪较厚，春季气温大幅度升高时，积雪大量融化而形成。

（5）冰凌洪水：中高纬度地区内，由较低纬度地区流向较高纬度地区的河流（河段），在冬春季节因上下游封冻期的差异或解冻期差异，可能形成冰塞或冰坝而引起。

（6）溃坝洪水：水库失事时，存蓄的大量水体突然泄放，形成下游河段的水流急剧增涨甚至漫槽成为立波，并向下游推进的现象。冰川堵塞河道、壅高水位，然后突然溃决时，地震或其他原因引起的巨大土体坍滑堵塞河流，使上游的水位急剧上涨，当堵塞坝体被水流冲开时，在下游地区也形成这类洪水。

（7）湖泊洪水：由于河湖水量交换或湖面大风作用或两者同时作用，可发生湖泊洪水。当入湖洪水受江河洪水严重顶托时常产生湖泊水位剧涨，因盛行风的作用，引起湖水运动而形成风生流，有时可达 5～6 米，如北美的苏必利尔湖、密歇根湖和休伦湖等。

（8）天文潮：海水受引潮力作用，而产生的长周期波动现象。海面一次涨落过程中的最高位置称高潮，最低位置称低潮，相邻高低潮间的水位差称潮差。加拿大芬迪湾最大潮差达 19.6 米，中国杭州湾钱塘江口大潮时的最大潮差达 8.9 米。

（9）风潮：台风、温带气旋、冷峰的强风作用和气压骤变等强烈的天气系统引起的水面异常升降现象。它和相伴的狂风巨浪可引起水位上涨，又称风潮增水。

（10）海啸：水下地震或火山爆发所引起的巨浪。

洪水是指特大的径流。这种径流往往因河槽不能容纳而泛滥成灾。根据洪水形成的水源和发生时间，一般可将洪水分为春季融雪洪水和暴雨洪水两类。

一般洪水：重现间隔小于 10 年。

较大洪水：重现间隔 10 ～ 20 年。

大洪水：重现间隔 20 ～ 50 年。

特大洪水：重现间隔超过 50 年。

洪灾是指一个流域内因大暴雨集中或长时间降雨，汇入河道的径流量超过其泄洪能力而漫溢两岸或造成堤坝决口导致泛滥的灾害。

洪水到来之前，要尽量做好相应的准备：

（1）根据当地电视、广播等媒体提供的洪水信息，结合自己所处的位置和条件，冷静地选择最佳路线撤离，避免出现"人未走水先到"的被动局面。

（2）认清路标，明确撤离的路线和目的地，避免因为惊慌而走错路。

（3）自保措施：

①备足速食食品或蒸煮够食用几天的食品，准备足够的饮用水和日用品。

②扎制木排、竹排，搜集木盆、木材、大件泡沫塑料等适合漂浮的材料，加工成救生装置以备急需。

③将不便携带的贵重物品作防水捆扎后埋入地下或放到高处，票款、首饰等小件贵重物品可缝在衣服内随身携带。

④保存好尚能使用的通讯设备。

洪水到来时要尽量自救：

①洪水到来时，来不及转移的人员，要迅速向就近山坡、高地、避洪台等地转移，或者立即爬上屋顶、楼房高层、大树、高墙等高的地方暂避。

②如洪水继续上涨，暂避的地方已难自保，则要充分利用准备好的救生器材逃生，或者迅速找一些门板、桌椅、木床、大块的泡沫塑料等能漂浮的材料扎成筏逃生。

③如果已被洪水包围，要设法尽快与当地政府防汛部门取得联系，

报告自己的方位和险情，积极寻求救援。注意：千万不要游泳逃生，不可攀爬带电的电线杆、铁塔，也不要爬到泥坯房的屋顶。

④如已被卷入洪水中，一定要尽可能抓住固定的或能漂浮的东西，寻找机会逃生。

⑤发现高压线铁塔倾斜或者电线断头下垂时，一定要迅速远避，防止直接触电或因地面"跨步电压"触电。

⑥洪水过后，要做好各项卫生防疫工作，预防疫病的流行。

灾难第二种：人祸

（一）火灾

"火灾"，是指在时间或空间上失去控制的燃烧所造成的灾害。在各种灾害中，火灾是最经常、最普遍地威胁公众安全和社会发展的主要灾害之一。人类能够对火进行利用和控制，是文明进步的一个重要标志。火，给人类带来文明进步、光明和温暖。但是，失去控制的火，就会给人类造成灾难。所以说人类使用火的历史与同火灾作斗争的历史是相伴相生的，人们在用火的同时，不断总结火灾发生的规律，尽可能地减少火灾及其对人类造成的危害。对于火灾，在我国古代人们就总结出"防为上，救次之，戒为下"的经验。随着社会的不断发展，在社会财富日益增多的同时，导致发生火灾的危险性也在增多，火灾的危害性也越来越大。据统计，我国 20 世纪 70 年代火灾年平均损失不到 2.5 亿元，20世纪 80 年代火灾年平均损失不到 3.2 亿元。20 世纪 90 年代，火灾造成的直接财产损失上升到年均十几亿元，年均死亡 2000 多人。实践证明，随着社会和经济的发展，消防工作的重要性就越来越突出。"预防火灾和减少火灾的危害"是对消防立法意义的总体概括，包括了两层含义：一是做好预防火灾的各项工作，防止发生火灾；二是火灾绝对不发生是不可能的，而一旦发生火灾，就应当及时、有效地进行扑救，减少火灾的危害。

防火的主要措施就是：控制可燃物、隔绝助燃物、消除着火源。

火灾依据物质燃烧特性，可划分为 A、B、C、D、E 五类。

A 类火灾：指固体物质火灾。这种物质往往具有有机物的性质，一般在燃烧时产生灼热的余烬。如木材、煤、棉、毛、麻、纸张等火灾。

B类火灾：指液体火灾和可熔化的固体物质火灾。如汽油、煤油、柴油、原油、甲醇、乙醇、沥青、石蜡等火灾。

C类火灾：指气体火灾。如煤气、天然气、甲烷、乙烷、丙烷、氢气等火灾。

D类火灾：指金属火灾。如钾、钠、镁、铝镁合金等火灾。

E类火灾：指带电物体和精密仪器等物质的火灾。

根据2007年6月26日，公安部下发的《关于调整火灾等级标准的通知》，新的火灾等级标准由原来的特大火灾、重大火灾、一般火灾三个等级调整为特别重大火灾、重大火灾、较大火灾和一般火灾四个等级。

特别重大火灾：指造成30人以上死亡，或者100人以上重伤，或者1亿元以上直接财产损失的火灾。

重大火灾：指造成10人以上30人以下死亡，或者50人以上100人以下重伤，或者5000万元以上1亿元以下直接财产损失的火灾。

较大火灾：指造成3人以上10人以下死亡，或者10人以上50人以下重伤，或者1000万元以上5000万元以下直接财产损失的火灾。

一般火灾：指造成3人以下死亡，或者10人以下重伤，或者1000万元以下直接财产损失的火灾。

（二）空难

空难指飞机等在飞行中发生故障、遭遇自然灾害或其他意外事故所造成的灾难。

民航业最权威的国际民航组织（ICAO）公布的资料，2000年全世界执行定期航班的公司有807家，拥有19469架飞机，比10年前的14308架增加了36％。其中喷气式飞机16045架，占82％；螺旋桨飞机3267架，占17％；活塞式飞机157架，不足1％。现代飞机一般可以服役20年以上，各家航空公司由于财力情况不同，其机队的平均年龄也不同，有些公司飞机很新，平均机龄4～5年，有些公司的飞机则比较老旧，平均机龄达10多年。

2001年，全世界共发生有人员死亡的空难事故33起，共死亡778人。

其中定期航班5起，死亡540人；包机等非定期航班6起，死亡82人；支线航班13起，死亡126人；非客运飞机9起，死亡30人。2001年是过去10年（1992～2001）中空难事故次数最少的一年，其空难死亡人数只比1999年的死亡人数730人多48人，比这10年中安全情况最差的1996年死亡1840人减少了一半多。

按每百万次飞行发生的有人员死亡的空难事故次数计算，1991年是1.7次，1999年首次降到1次以下，2000年再次下降到0.85次。按2000年的概率算，也就是117.65万次飞行才发生一次死亡性空难。换句话说，如果有人每天坐一次飞机，要3223年才遇上一次空难。还应该说明的是，死亡性空难并不是所有旅客全部死亡。根据国际民航组织的统计，1959～1997年的全部空难事故中，飞机全毁，且有人员死亡的占58%；飞机全毁，但无人员死亡的占32%；飞机没有全毁，但有人员死亡的占10%。

经过几十年的发展进步，西方民航客机已经形成波音和空客两大集团的垄断，它们的产品从技术水平看不相上下，在安全上都是有保障的。

1. 近年来的中国空难

1982年4月26日下午，中国民航266号客机在广西恭城县上空失事。

1988年1月18日，中国西南航空公司伊尔-18-222号飞机执行北京—重庆航班任务时在重庆机场附近坠毁，108人遇难。

1992年7月31日，中国通用航空公司由南京飞往厦门的GP7552航班2755号雅克-42型飞机起飞滑跑途中冲出跑道，在距机场约600米处失事。107人死亡，19人受伤。

1992年11月24日，中国南方航空公司波音737～2523号飞机执行3943航班任务，由广州飞桂林，在广西阳朔县杨堤乡土岭村后山粉碎性解体，141人遇难。这是中国民航史上最严重的一次空难。

1993年7月23日，中国西北航空公司BAe146型2716号飞机执行银川—北京航班任务，在银川机场起飞时冲入水塘，54人遇难，机组3人受伤。

1994年6月6日，中国西北航空公司图—154型2610号飞机执行西安—广州2303号航班任务，在陕西省长安县鸣犊镇坠毁，160人遇难。

1997 年 5 月 8 日，中国南方航空有限公司深圳公司波音 737-300 型 B2925 号飞机执行重庆深圳 3456 航班任务，着陆过程中失事。机上旅客 65 人，其中死亡 33 人，重伤 8 人，轻伤 20 人；空勤组 9 人，其中死亡 2 人，重伤 1 人，轻伤 6 人。

1998 年 2 月 16 日，中国台湾"中华航空公司"一架 A300-600 客机在台北机场降落时撞入附近建筑，共造成机上 196 名乘员和地面 7 人丧生。这也是台湾地区有史以来的最大空难。

1999 年 2 月 24 日，中国西南航空公司图—154 型 2622 号飞机在执行成都至温州航班任务时坠毁，61 人遇难。

2000 年 5 月 22 日，湖南省长沙市一架隶属于远大空调有限公司的贝尔 206-b 型直升机坠入湘江，造成包括飞行员在内的两人死亡，三人受伤。远大公司是国内首家购置公务飞机的民营企业，该公司 1997 年购买喷气飞机曾在国内引起较大反响。

2000 年 6 月 22 日下午 3 时左右，武汉航空公司一架从湖北恩施飞至武汉的运七型客机，在武汉郊区坠毁。武汉空难客机坠地时将汉江南岸一泵船撞毁，当时在船上作业的 7 人全部遇难。加上机上的 42 名死者，此次空难中共有 49 人死亡。

2002 年 4 月 15 日，中国国际航空公司 CA129 北京—釜山航班在韩国庆尚南道金海市坠毁。机上共有 155 名乘客和 11 名机组人员，确定死亡人数为 122 人，失踪 6 人，幸存者 38 人。

2002 年 5 月 7 日，中国北方航空公司一架麦道 82 飞机在大连附近海域坠毁。机上 103 名乘客和 9 名机组人员全部罹难。

2002 年 5 月 25 日，中国台湾"中华航空公司"CI611 班机在澎湖附近海域坠机，机上乘客和机组人员共 225 人全部罹难。

2004 年 5 月 18 日，一架阿塞拜疆货机在新疆乌鲁木齐机场附近坠毁，机组 7 人全部遇难，其中乌克兰籍 6 人，阿塞拜疆籍 1 人。

2004 年 5 月 28 日，一架南非小型飞机在湖南省长沙附近失事。飞机上仅有的一名南非籍飞行员遇难。

2004 年 6 月 30 日，一架歼七军用飞机在训练返程中因遇雷雨发生故障，在距武汉市区约 80 公里处坠毁，造成地面人员（儿童）1 死 1 伤，并烧毁了两间民房，飞行员跳伞后安全着陆。

2004年9月16日下午15时左右，一架执行航拍任务的直升机在浙江余姚玉石园附近坠毁，机上机组和乘客7人，4死3伤。

2004年11月21日8时21分，由内蒙古自治区包头市飞往上海市的MU5210航班，在起飞后不久坠入机场附近南海公园的湖里。包括47名乘客、6名机组人员在内的机上53人全部罹难，同时遇难的还有地面公园的一名工作人员。

2. 近年来的世界空难

2008年9月14日，俄罗斯紧急情况部称，俄一架波音737客机当天在乌拉尔山区中部城市佩姆附近坠毁，机上88人全部遇难。据悉，机上载有乘客83人，其中有1名婴儿，机组人员有5人。

2008年8月24日，一架载有90人的波音737客机在吉尔吉斯斯坦首都比什凯克的马纳斯国际机场附近坠毁，造成至少68人死亡。

2008年8月20日下午，西班牙航空公司一架客机在马德里机场起飞时冲出跑道并解体起火，当场造成153人遇难，19人受伤。随后一名妇女23日晚因伤势过重不治身亡，使得此次空难遇难者增至154人。

2008年6月10日晚，苏丹航空公司一架A310客机在喀土穆机场降落后起火焚烧，根据统计，事故造成至少28人死亡，数十人仍失踪。失事飞机是由约旦首都安曼经叙利亚首都大马士革飞往苏丹首都喀土穆的班机。203名乘客和14名机组人员全部遇难，原因是飞机在雷暴中降落发生爆炸着火。

2007年7月17日，隶属于巴西塔姆航空公司的一架载有170多名乘客的A320型客机，在巴西圣保罗康根尼亚斯机场着陆时坠毁。这起空难事故可能已经造成199人丧生，其中包括地上人员。据悉，这架飞机是从巴西南部的阿雷格里港飞往圣保罗的。客机失事时，圣保罗正在下大雨，天空中云层很厚。有目击者称，客机出事时，机场跑道十分湿滑，飞机着陆时未能及时制动，先是在冲出跑道后横穿了一条繁华的马路，而后又在撞上塔姆航空公司的一个仓库后，一头扎进了路边的一个加油站。在这一连串的惊险动作之后，客机燃起熊熊大火，并发出多声巨响。

2006 年 10 月 29 日，北京时间 10 月 29 日晚 20 时 34 分，尼日利亚 ADC 航空公司的一架波音 737 飞机在首都阿布贾机场附近坠毁，包括驾驶员在内的 96 人丧生，9 人幸存。

2006 年 9 月 29 日，巴西戈尔民航公司一架波音 737-800 型客机在飞往首都巴西利亚途中与一架轻型飞机相撞后坠落，机上 155 人全部遇难。

2006 年 9 月 1 日，伊朗一架图 -154 型客机在东北部城市马什哈德着陆时因轮胎爆裂冲出跑道并起火，客机上的 148 人中有 29 人在事故中遇难。

2006 年 8 月 27 日，美国商业航空公司一架 CRJ-200 型客机选错跑道，起飞后不久坠毁，49 人遇难。

2006 年 8 月 22 日，俄罗斯一架图 -154 型客机在乌克兰坠毁，机上 170 人丧生，其中包括数十名儿童。

2006 年 7 月 9 日，俄罗斯西伯利亚航空公司一架空客 A310 型客机在伊尔库茨克机场降落时冲出跑道，造成 120 多人死亡。

2006 年 5 月 3 日，亚美尼亚一架空中客车 A320 型客机在俄罗斯南部黑海海滨城市索契附近海域坠毁，113 名乘客和机组成员全部丧生。

2005 年 12 月 11 日，尼日利亚一架麦道 DC-9-30 在尼南部城市哈科特港坠毁，导致至少 106 名乘客死亡，其中包括数十名高中生。

2005 年 12 月 6 日，伊朗 C-130 运输机撞楼坠毁，108 人丧生。

2005 年 10 月 22 日，一架载有 117 人的波音 737 客机从尼日利亚经济之都拉各斯起飞后数分钟坠毁，客机上的人全部遇难。

2005 年 9 月 5 日，印度尼西亚一架波音 737 喷气式客机在北苏门答腊省首府棉兰市博罗尼亚机场起飞时发生意外，坠毁在附近一个人口稠密的居民区，事故造成 150 人死亡。

2005 年 8 月 23 日，一架秘鲁国营航空公司的载有 100 名左右乘客的波音 737-200 客机，在没有打开起落架的情况下，试图在高速公路上强行着陆时坠毁，大约 60 人死亡，52 人生还。

2005 年 8 月 16 日，哥伦比亚的一架 MD-82 客机在委内瑞拉西部山区坠毁，机上载有 160 人全部遇难。

2005 年 8 月 14 日，塞浦路斯的一架波音 737 航班在雅典北部坠毁，121 人全部遇难。

2005 年 3 月 16 日，俄罗斯安 –24 客机坠毁，28 人丧生。

2005 年 2 月 4 日，阿富汗波音 737 客机坠毁，104 人丧生。

2004 年 8 月 25 日，俄罗斯图 –154 客机坠毁，89 人丧生。

2004 年 1 月 3 日，埃及一架波音 737 客机在沙姆沙伊赫附近海域失事，机上 148 人遇难。

2003 年 12 月 26 日，飞往黎巴嫩首都贝鲁特的一架波音 727 客机在贝宁科托努机场起飞时坠毁于大西洋，机上共有 163 人，141 人丧生。

2003 年 7 月 8 日，苏丹一架波音 737 客机坠毁，116 人丧生。

2003 年 3 月 6 日，阿尔及利亚一架波音 737 客机在塔曼拉塞特坠毁，102 人丧生。

2002 年 5 月 7 日，埃及航空公司一架波音 737 客机在突尼斯坠毁。机上 55 名乘客和 10 名机员中的大部分人生还。

2002 年 2 月 12 日，一家伊朗航空公司的图 –154 型客机在伊朗西部山区坠毁，机上 117 人全部丧生。

2002 年 1 月 29 日，厄瓜多尔 TAME 航空公司一家波音 727 客机在哥伦比亚山区坠毁，事件中有 92 人丧生。

2001 年 11 月 24 日，从柏林起飞的瑞士 Crossair 航空公司一家小型飞机在接近苏黎世机场时坠毁在树林中，造成 24 人死亡。

2001 年 11 月 12 日，美国航空公司的一架 A–300 客机坠入纽约的皇后区。机上有 246 名乘客和 9 名机组成员，全部遇难。

2001 年 10 月 4 日，俄罗斯西伯利亚航空公司的一架图 –154 客机在空中爆炸并坠入黑海，当时它正由以色列的特拉维夫飞往西伯利亚。78 名乘客和机组人员全部丧生。

2001 年 9 月 11 日，9·11 事件中，美国境内先后有四架民航班机被劫持以策动恐怖袭击，其中撞向纽约世界贸易中心的南北座双子塔的两架飞机是美国航空 11 号班机（B767–223ER）及联合航空 175 号班机（B767–222），均是波音 767。两机上共 265 人死亡，导致世贸中心南北两座塔楼倒塌。

2001 年 7 月 3 日，一架俄罗斯的图 -154 客机在西伯利亚城市伊尔库斯克附近失事，当时它由叶卡捷琳堡飞往海参崴。133 名乘客和 10 名机组人员丧生。

2000 年 10 月 30 日，新加坡航空公司的一架波音 747 客机在台北机场起飞后坠毁，它的目的地是洛杉矶。机上 179 名乘客中有 78 人死亡。

2000 年 8 月 23 日，海湾航空公司的一架空中客车客机在将于巴林着陆时坠入海中。机上 143 名乘客无一幸存。

2000 年 7 月 25 日，法国航空公司的一架协和客机在起飞后不久坠入巴黎郊外的一家旅馆，造成 113 人死亡，其中有 4 人是地面人员。

2000 年 7 月 17 日，联合航空公司的一架波音 737-200 在试图于印度的巴特纳降落时坠入房屋中，机上 51 人和 4 名地面人员丧生。

2000 年 4 月 19 日，菲律宾航空公司的一架波音 737-200 客机在试图降落时坠毁，当时它由马尼拉飞往达沃。机上 131 人全部遇难。

2000 年 1 月 31 日，阿拉斯加航空公司的一架麦道 83 客机坠入加利福尼亚南部海面，当时它由墨西哥飞往旧金山。机上 88 人全部丧生。

2000 年 1 月 30 日，肯尼亚航空公司的一架 A-310 客机在起飞后不久坠入大西洋中，当时它由象牙海岸飞往尼日利亚的拉各斯。机上 179 人中只有 10 人幸存。

（三）恐怖活动

恐怖活动是指恐怖分子制造的一切危害社会稳定、危及人的生命与财产安全的活动，通常表现为爆炸、袭击和劫持人质（绑架）等形式，与恐怖活动相关的事件通常称为"恐怖事件""恐怖袭击"等。

1. 美国 "9·11" 重大恐怖事件

2001 年 9 月 11 日，美国四架民航飞机遭恐怖分子劫持，其中两架撞击了纽约世界贸易中心，致使两座塔楼相继坍塌，一架飞机撞击了华盛顿附近的五角大楼，另一架坠毁在宾夕法尼亚州的匹兹堡附近。共造成 3000 多人死亡或失踪。

"9·11" 恐怖袭击事件发生在美国东部时间 9 月 11 日上午（北京时间 9 月 11 日晚上），是通过劫持多架民航飞机冲撞纽约曼哈顿的摩天高楼以及华盛顿五角大楼的自杀式恐怖袭击。包括美国纽约地标性建筑——世界贸易中心双塔在内的 6 座建筑被完全摧毁，其他 23 座高层建筑遭到破坏，美国国防部总部所在地五角大楼也遭到袭击。

在"9·11"事件中共有 2998 人死亡，包括机上乘客 265 人，五角大楼则有 125 人死亡。世界贸易中心死亡者中，还包括事件发生后在火场执行任务的 343 名消防员。搭乘那四架被劫持班机的旅客中有一些人用电话与外界取得短暂联系。据这些乘客称，每一架飞机上有多名劫机者（后来验明身份的有 19 人），他们手持刀具劫持飞机，也包括在至少一架飞机上使用了诸如炸弹和催泪弹之类的武器。

纽约市消防队员在世贸北楼遭到攻击后立即进入火场救援。消防队在世贸一楼的大堂设立临时指挥中心，消防队员们爬楼梯进行救援，纽约市消防队共出动 200 个单位参与救援。很多消防队员在未到指挥中心报到的情况下就立即展开救援。由于无线电通讯故障，很多冲入火场的队员无法及时接到撤离的命令，当大楼倒塌时，343 名消防队员葬身火场。

纽约市警察直升机在事发后很快赶到现场，随时报告现场最新状况。很多纽约市警察、纽约港口警察以及新泽西州警察在大楼倒塌后被掩埋。纽约警察 12 小时轮班救援。

9 月 12 日起，由纽约建筑工程师协会组织的工程师们进入现场，为纽约市规划与建筑部工作，负责查勘附近大楼的强度与受损程度，疏散了出事现场数百幢房屋里的人员。他们还负责设计规划具体处理废墟的方法。

大楼倒塌后，有大批志愿者赶到现场。那些比较早到现场的志愿者在各个力所能及的方面提供协助，如有大学生为救援人员提供饮水等，但是后来无关的志愿者被要求离开现场，但是有特殊技术的志愿者，如工程、拆除、医疗以及心理治疗等行业的人士参与了接下来几天的救援工作，甚至有一支灾难救援专家队专程从法国赶来救援。

在美国，911 是作为报警电话号码使用的，恐怖分子选择 9 月 11 号显然是对美国的挑衅。

美国 911 报警电话诞生于 20 世纪 60 年代。1967 年，美国总统法律实施与司法管理委员会建议，在全国范围内设立一个统一的电话号码，以便于人们及时报告紧急事件。美国电话电报公司很快宣布选择

911作为报警电话号码。1968年2月，全国第一个911报警台在亚拉巴马州的哈利维尔设立。20世纪70年代后，911报警电话开始大量增加。1976年，17%的美国人可拨打该号码，1979年上升到26%，1987年为50%，而已达到85%。美国大约50%的国土面积已接通911号码，其中95%是加强版系统，可提供每个呼叫者的姓名与位置信息。五角大楼是在1941年9月11日动工的，和恐怖袭击正好相隔60年。因此恐怖分子才会选择"9·11"这一天对它进行袭击。

事件发生后，前往美国和加拿大的航班全部停飞。所有英国军事基地提高警戒状态。所有途经伦敦市区的航班改为绕过市区飞行。

欧洲议会与北约总部进行紧急疏散。北约宣布启动1949年《北大西洋公约》中的第五款，宣布如果恐怖袭击事件受到任何国家的指示，将被视为是对美国的军事袭击，因此也被认为是对所有北约成员国的军事袭击。这是北约历史上首次启动共同防卫机制。

事件发生后，西方各国政府的民间支持度大幅度上升。在阿拉伯世界，很多媒体都刊登了评论文章，认为事件是由以色列人、犹太人、犹太复国主义者甚至美国人自己发动的，目的是挑起全球仇视阿拉伯的情绪。还有一些阿拉伯穆斯林则认为事件是由基地组织发起的，旨在报复美国的中东政策。

事件遭到国际社会的一致谴责，一些传统上采取与美国不太友好的国家领导人，如利比亚领袖卡扎菲、巴勒斯坦领导人阿拉法特、伊朗总统哈塔米以及阿富汗塔利班政权都公开谴责该事件，并对美国人民表示同情。唯一例外的是伊拉克总统萨达姆·侯赛因，他评论此事件是美国霸权主义的后果。

2001年9月11日的恐怖袭击对美国及全球产生巨大的影响。这次事件是继第二次世界大战期间珍珠港事件后，历史上第二次对美国本土造成重大伤亡的袭击，是美国历史上最严重的恐怖袭击事件。美国政府对此次事件的谴责和立场也受到大多数国家同情与支持；全球各地在事件发生后都有各种悼念活动，事发现场的清理工作持续到次年年中。"9·11"事件使美国以及全世界的人都感到恐惧，而反对类似"9·11"事件的再生。该事件也导致了此后国际范围内的多国合作进行反恐怖行动。

"9·11"事件在经济上产生了重大及实时的影响。大量设在世界贸易中心的大型投资公司丧失了大量财产、员工与数据。全球许多股票市场受到影响，一些机构，如伦敦证券交易所不得不进行疏散。纽约证券交易所直到"9·11"事件后的第一个星期一才重新开市。道琼斯工业平均指数开盘第一天下跌 14.26%。其中跌幅最严重的要数旅游、保险与航空股。美国的汽油价格也大幅度上涨。当时美国经济已经放缓，"9·11"事件则加深全球经济的萧条。

美国"9·11"事件对一些产业造成了直接经济损失和影响，美国经济一度处于瘫痪状态。地处纽约曼哈顿岛的世界贸易中心是 20 世纪 70 年代初建起来的摩天大楼，造价高达 11 亿美元，是世界商业力量的会聚之地，来自世界各地的企业共计 1200 家之多，平时有 5 万人上班，每天来往办事的业务人员和游客约有 15 万人。两座摩天大楼一下子化为乌有，人才损失难以用数字估量。五角大楼的修复工作至少要几亿美元。交通运输和旅游业也遭受严重损失，美国国内航班一天被劫持了四架，并造成巨大的人员伤亡和财产损失，确实是历史罕见。

无论对美国总统布什，还是对美国民众或者对美国政坛人士来说，9 月 11 日所遭遇的恐怖分子攻击事件都是一次历史性的震撼。连白宫、国防部大楼、金融财务中心的世界贸易大楼，都成了恐怖分子攻击的目标。两小时之内，美国本土遭遇数以千计的伤亡。

事件发生后，布什立即采取适当行动，恢复政府、社会正常活动。为了显示他不受恐怖威胁，9 月 11 日晚上，尽管知道白宫仍有受到攻击的威胁，他还是决定返回白宫，并在白宫向全国民众发表谈话，借此显示：恐怖分子并不能阻断美国行政中心的运作。

美国"9·11"事件的经济影响不仅局限于事件本身的直接损失，更重要的是影响了人们的投资和消费信心，使美元相对主流货币贬值、股市下跌、石油等战略物资价格一度上涨，并实时从地域上波及欧洲及亚洲等主流金融市场，引起市场的过激反应，从而导致美国和世界其他国家经济增长减慢。对于全世界的人民而言，反恐怖活动将是人类社会一项长期、艰苦和复杂的斗争。

2. 近年来的其他恐怖活动

2002 年 10 月 12 日，印度尼西亚巴厘岛发生针对外国人的系列爆炸事件，造成 202 人死亡，至少 330 人受伤。

2002 年 10 月 23 日，俄罗斯莫斯科轴承厂文化宫发生一起车臣武装分子劫持人质事件，造成 120 多人死亡。

2003 年 5 月 12 日和 14 日，俄罗斯车臣纳德捷列奇诺耶区政府大院和车臣古杰尔梅斯区分别发生爆炸事件，共造成 70 多人死亡，200余人受伤。

2003 年 5 月 16 日，摩洛哥经济首都卡萨布兰卡连续发生 5 起恐怖爆炸事件，造成 41 人死亡。

2003 年 8 月 1 日，俄罗斯北奥塞梯共和国莫兹多克市一家军队医院遭到汽车炸弹袭击，造成 50 多人死亡，50 多人受伤。

2003 年 8 月 19 日，伊拉克首都巴格达发生针对联合国驻伊办事处的恐怖爆炸事件，造成 24 人死亡，100 多人受伤。联合国伊拉克问题特别代表德梅洛在这次爆炸事件中殉职。

2003 年 8 月 25 日，印度最大的金融商业城市孟买发生两起炸弹爆炸事件，造成 52 人死亡，167 人受伤。

2003 年 8 月 29 日，伊拉克南部伊斯兰教什叶派圣地纳杰夫阿里清真寺发生汽车炸弹爆炸，造成 100 多人死亡，200 多人受伤。伊拉克伊斯兰教什叶派宗教领袖哈基姆在爆炸中遇难。

2003 年 10 月 27 日，位于伊拉克巴格达市中心的红十字国际委员会驻伊总部及市东、南、西、北四区的警察局几乎同时遭到自杀性汽车炸弹袭击，导致至少 35 人丧生，200 余人受伤。

2003 年 11 月 15 日，土耳其伊斯坦布尔的两座犹太教堂遭到汽车炸弹袭击，造成 25 人死亡，300 多人受伤。

2003 年 11 月 20 日，英国汇丰银行伊斯坦布尔分行和英国驻伊斯坦布尔总领事馆门前相继发生两起汽车爆炸事件，至少造成 30 人死亡和 450 多人受伤。

2003 年 12 月 5 日，俄罗斯南部斯塔夫罗波尔边疆区一旅客列车发生爆炸，造成至少 44 人死亡，200 多人受伤。

2004 年 2 月 6 日，俄罗斯莫斯科一列地铁列车在运行中发生爆炸，造成近 50 人死亡，130 多人受伤。

2004 年 3 月 2 日，伊拉克巴格达和卡尔巴拉的两座什叶派穆斯林清真寺发生系列爆炸事件，造成 271 人死亡，约 500 人受伤。

2004 年 3 月 11 日，西班牙首都马德里发生三列旅客列车连环爆炸事件，造成至少 198 人死亡，约 1800 人受伤。

2004 年 5 月 9 日，俄罗斯车臣首府格罗兹尼的狄纳莫体育场发生爆炸，造成 7 人死亡，53 人受伤。车臣总统卡德罗夫在这次恐怖袭击中丧生。

2004 年 6 月 10 日，阿富汗当地时间凌晨，设在阿富汗北部昆都士的中铁十四局集团公司施工工地遭到 20 多名持枪恐怖分子袭击，11 名中国工人被打死。

2004 年 6 月 21 日晚和 22 日凌晨，非法武装分子向俄罗斯印古什共和国的纳兹兰等多个城镇的护法机关发动袭击，造成 90 人死亡。印古什内务部代部长科斯托耶夫和内务部副部长哈季耶夫等高级官员在袭击中遇害。

2004 年 8 月 24 日，俄罗斯两架民航客机从莫斯科的多莫杰多沃机场起飞后，几乎同时在图拉州和罗斯托夫州坠毁。两架客机上的 89 名乘客和机组人员全部遇难。

2004 年 8 月 31 日，莫斯科里加地铁站附近发生恐怖爆炸事件，造成 10 人死亡，51 人受伤。

2004 年 9 月 1 日，俄罗斯联邦发生别斯兰人质事件，一伙恐怖分子占领北奥塞梯共和国别斯兰市第一中学，将 1200 余名参加开学典礼的学生、家长和教师劫持为人质，造成 300 多人死亡，其中近一半遇难者是儿童。

2005 年 7 月 7 日，英国伦敦市区在当地时间早上 8 时 50 分时，伦敦市中心金融区的地铁站开始相继发生爆炸，受袭的包括利物浦街、穆尔门和艾德门东等车站。在地铁沿线共发现了五个炸弹。另外区内还有两辆巴士发生爆炸，截至 7 月 8 日，至少造成 90 人死亡、逾 1000 人受伤。

难忘的汶川地震

2008 年 5 月 12 日 14 时 28 分，四川省汶川地区发生了里氏 8.0 级强烈地震，汶川地震是中国自新中国成立以来有历史记录最大的地震，直接严重受灾地区达 10 万平方公里。

这次地震主要成因，一是印度洋板块向亚欧板块俯冲，造成青藏高原抬升；二是浅源地震。汶川地震不属于深板块边界的效应，发生在地壳脆——韧性转换带，震源深度为 10 公里至 20 公里，因此破坏性巨大。

汶川地震影响范围包括震中 50 公里范围内的县城和 200 公里范围内的大中城市。北京、上海、天津、宁夏、甘肃、青海、陕西、山西、山东、河北、河南、安徽、湖北、湖南、重庆、贵州、云南、内蒙古、广西、西藏、江苏、浙江、辽宁、福建等多个省市及台湾地区有明显震感。除黑龙江、吉林、新疆外均有不同程度的震感。其中以陕甘川三省震情最为严重。甚至泰国首都曼谷、越南首都河内、菲律宾、日本等地均有震感。截至 2008 年 9 月 24 日，全国各地遇难人数为 69225 人，失踪人数为 17923 人。

为表达全国各族人民对四川汶川大地震遇难同胞的深切哀悼，国务院设立了全国哀悼日：

国务院公告

为表达全国各族人民对四川汶川大地震遇难同胞的深切哀悼，国务院决定，2008 年 5 月 19 日至 21 日为全国哀悼日。在此期间，全国和各驻外机构下半旗志哀，停止公共娱乐活动，外交部和我国驻外使领馆设立吊唁簿。5 月 19 日 14 时 28 分起，全国人民默哀 3 分钟，届时汽车、火车、舰船鸣笛，防空警报鸣响。

汶川大地震是中国 1949 年以来破坏性最强、波及范围最大的一次地震，地震的强度、烈度都超过了 1976 年的唐山大地震。

中国地质科学院地质力学所基础地质研究室专家冯梅做客国土资源部门户网时分析指出，汶川地震破坏性强于唐山地震。

首先，从震级上可以看出，汶川地震稍强。唐山地震国际上公认的

自强不息
——面对灾难

是 7.8 级，汶川地震是 8 级。

其次，从地缘机制断层错动上看，唐山地震是拉张性的，是上盘往下掉。汶川地震是上盘往上升，要比唐山地震影响大。

第三，唐山地震的断层错动时间是 12.9 秒，汶川地震是 22.2 秒。错动时间越长，人们感受到强震的时间越长，也就是说汶川地震建筑物的摆幅持续时间比唐山地震要强。

第四，从地震张量的指数上看，唐山地震是 2.7 级，汶川地震是 9.4 级，差别很大。

第五，汶川地震波及的面积、造成的受灾面积比唐山地震大。这主要是由于断层错动的原因，汶川地震是挤压断裂，错动方向是北东方向，也就是说汶川的北东方向受影响比较大，但是它的西部情况就会好一些。

汶川地震波及面积大，据称几乎整个东南亚和整个东亚地区都有震感。"主要是因为汶川地震错动时间特别长，比唐山地震还长，这就是为什么唐山地震虽然死亡人数多，但是实际上灾害造成的影响不如汶川地震大。"冯梅说，因为汶川灾情分布比较广。

第六，汶川地震诱发的地质灾害、次生灾害比唐山地震大得多。因为唐山地震主要发生在平原地区，汶川地震主要发生在山区，次生灾害、地质灾害的种类都不太一样，汶川地震引发的破坏性如比较大的崩塌、滚石加上滑坡等，比唐山地震的次生地质灾害要严重得多。另外，因为四川水比较多，所以形成了大面积的堰塞湖，这跟唐山地震相比也是不一样的。

附一：中国历次大地震

2010 年 4 月 14 日 7 时 49 分 40 秒，青海省玉树藏族自治州玉树县发生 7.1 级地震；

2008 年 6 月 2 日 0 时 59 分 24 秒，台湾台北市发生 6.0 级地震；

2008 年 5 月 12 日 14 时 28 分，在四川省汶川县映秀镇发生 8.0 级地震；

2008 年 3 月 21 日 06 时 33 分，新疆于田县发生 7.3 级地震；

2007 年 6 月 3 日云南普洱发生 6.4 级地震；

2004 年 5 月 4 日青海省德令哈地区发生 5.5 级地震；

2003 年 2 月 24 日 10 时 03 分在新疆伽师县城东约 40 公里处发生 6.8 级地震；

2001 年 11 月 14 日青海昆仑山地区发生 8.1 级地震；

1999 年 9 月 21 日台湾花莲西南发生 7.6 级地震；

1998 年 1 月 10 日河北尚义发生 6.2 级地震；

1996 年 5 月 3 日内蒙古包头市固阳县发生 6.4 级地震；

1996 年 3 月 19 日新疆伽师——阿图什地区发生 6.9 级地震；

1996 年 2 月 3 日云南丽江发生 7.0 级地震；

1995 年 7 月 12 日云南孟连县中缅边界发生 7.3 级地震；

1976 年 8 月 16 日四川松潘——平武发生 7.2 级地震；

1976 年 7 月 28 日河北唐山发生 7.8 级地震，死亡 24 万人；

1976 年 5 月 29 日云南龙陵发生 7.4 级地震；

1975 年 2 月 4 日辽宁海城发生 7.3 级地震；

1974 年 5 月 11 日云南大关发生 7.1 级地震；

1973 年 2 月 6 日四川炉霍发生 7.6 级地震；

1970 年 1 月 5 日云南通海发生 7.7 级地震；

1969 年 7 月 18 日渤海湾发生 7.4 级地震；

1966 年 3 月 8～29 日河北邢台发生 7.2 级地震；

1950 年 8 月 15 日西藏墨脱发生 8.5 级地震；

1920 年 12 月 16 日宁夏回族自治区南部海原县发生 8.5 级地震，死亡 23 万人；

1556 年中国陕西华县发生 8.0 级地震，死伤达 83 万人；

1303 年 9 月 17 日山西洪洞、赵城发生 8.0 级地震，死伤人数不详；

138 年 2 月 28 日甘肃金城、陇西发生地震；

公元前 7 年 11 月 11 日北边郡国发生地震；

公元前 780 年陕西岐山发生地震。

自强不息

——面对灾难

48

二 当灾难来临

感动中国 汶川地震中感人事迹——"求求你们，让我再进去救一个！"

在一所学校的救援现场，一片一片的废墟，到处是哭喊的声音，救援队发了疯一样地救人，学校的主教学楼坍塌了大半，当时正在上课，几乎有100多个孩子被压在了下面。全是小学生。一些似乎是消防队员的战士在废墟中已经抢出了十几个孩子和30多具尸体，然而就在抢救到最关键的时候，突然教学楼的废墟因为余震和机吊操作发生了移动，随时有可能发生再次坍塌。再进入废墟救援十分的危险，几乎等于送死，当时的消防指挥下了死命令，让钻入废墟的人马上撤出来，要等到坍塌稳定后再进入，然而此时，几个刚才废墟出来的战士大叫又发现了孩子。

几个战士听见就不管了，转头又要往里钻，这时坍塌就发生了，一块巨大的混凝土块眼看就在往下陷，那几个往里转的战士马上给其他的战士死死拖住，两帮人在上面拉扯，最后废墟上的战士们被人拖到了安全地带。一个刚从废墟中带出了一个孩子的战士就跪了下来大哭，对拖着他的人说："你们让我再去救一个，求求你们让我再去救一个！我还能再救一个！"

地震后的自救

地震时如被埋压在废墟下，周围又是一片漆黑，只有极小的空间，你一定不要惊慌，要沉着，树立生存的信心，相信会有人来救你，要千

49

方百计保护自己。

——要尽量用湿毛巾、衣物或其他布料捂住口、鼻和头部，防止灰尘呛闷发生窒息，也可以避免建筑物进一步倒塌造成的伤害。

——尽量活动手、脚，清除脸上的灰土和压在身上的东西。

——用周围可以挪动的物品支撑身体上方的重物，避免进一步塌落；扩大活动空间，保持足够的空气。

——几个人同时被压埋时，要互相鼓励，共同计划，团结配合，必要时采取脱险行动。

——寻找和开辟通道，设法逃离险境，朝着有光亮、更安全宽敞的地方移动。

———时无法脱险，要尽量节省气力。如能找到食物和水，要计划着节约使用，尽量延长生存时间，等待获救。

——保存体力，不要盲目大声呼救。在周围十分安静，或听到上面（外面）有人活动时，用砖、铁管等物敲打墙壁，向外界传递消息。当确定不远处有人时，再呼救。

地震后，往往还有多次余震发生，处境可能继续恶化，为了免遭新的伤害，要尽量改善自己所处环境。

在这种极不利的环境下，首先要保护呼吸畅通，挪开头部、胸部的杂物，闻到煤气、毒气时，用湿衣服等物捂住口、鼻；避开身体上方不结实的倒塌物和其他容易引起掉落的物体；扩大和稳定生存空间，用砖块、木棍等支撑残垣断壁，以防余震发生后环境进一步恶化。

——设法脱离险境。如果找不到脱离险境的通道，尽量保存体力，用石块敲击能发出声响的物体，向外发出呼救信号。不要哭喊、急躁和盲目行动，这样会大量消耗精力和体力，尽可能控制自己的情绪或闭目休息，等待救援人员到来。如果受伤，要想法包扎，避免流血过多。

——维持生命。如果被埋在废墟下的时间比较长，救援人员未到，或者没有听到呼救信号，就要想办法维持自己的生命，尽量寻找食品和饮用水，必要时自己的尿液也能起到解渴作用。

地震，虽然目前人类还不能完全避免和控制，但是只要能掌握自救互救技能，就能使灾害降到最低限度。总结有以下几点：

1. 保持镇静

在地震中，有人观察到，不少人并不因房屋倒塌而被砸伤或挤压伤致死，而是由于精神崩溃，失去生存的希望，乱喊、乱叫，在极度恐惧中"扼杀"了自己。这是因为，乱喊乱叫会加速新陈代谢，增加氧的消耗，使体力下降，耐受力降低；同时，大喊大叫，必定会吸入大量烟尘，易造成窒息增加不必要的伤亡。正确态度是在任何恶劣的环境下，都始终要保持镇静，分析所处环境，寻找出路，等待救援。

2. 止血、固定砸伤和挤压伤是地震中常见的伤害处理办法

开放性创伤，外出血应首先止血，然后抬高患肢，同时呼救。对开放性骨折，不应作现场复位，以防止组织再度受伤，一般用清洁纱布覆盖创面，作简单固定后再进行运转。不同部位骨折，按不同要求进行固定。并参照不同伤势、伤情进行分类、分级，送医院进一步处理。

3. 妥善处理伤口

挤压伤时，应设法尽快解除重压；遇到大面积创伤者，要保持创面清洁，用干净纱布包扎创面；怀疑有破伤风和产气杆菌感染时，应立即与医院联系，及时诊断和治疗。对大面积创伤和严重创伤者，可口服糖盐水，预防休克发生。

4. 防止火灾

地震常引起许多次灾害，火灾是常见的一种。

在大火中应尽快脱离火灾现场，脱下燃烧的衣帽，或用湿衣服覆盖身上，或卧地打滚，也可用水直接浇泼灭火。切忌用双手扑打火苗，否则会引起双手烧伤。消毒纱布或清洁布料包扎后送医院进一步处理。

5. 同时要预防破伤风和气性坏疽，并且要尽早深埋尸体，注意饮食饮水卫生，防止大灾后的大疫。

地震时的避震

地震发生后很有可能会伴有余震，而且余震的位置未必靠近震源。所以学习自救是地震后很重要的措施之一。

地震发生时，至关重要的是要有清醒的头脑和镇静自若的态度。只有镇静，才有可能运用平时学到的地震知识判断地震的大小和远近。近

震常以上下颠簸开始，之后才左右摇摆。远震却少上下颠簸感觉，而是以左右摇摆为主，而且声脆，震动小。一般小震和远震不必外逃。

1. 学校避震

（1）在操场或室外时，可原地不动蹲下，双手保护头部，注意避开高大建筑物或危险物。

（2）不要回到教室。

（3）震后应当有组织地撤离。

（4）千万不要跳楼！不要站在窗外！不要到阳台上去！

（5）必要时应在室外上课。

2. 家庭避震

（1）地震预警时间短暂，室内避震更具有现实性，而室内房屋倒塌后形成的三角空间，往往是人们得以幸存的相对安全地点，可称其为避震空间。这主要是指大块倒塌体与支撑物构成的空间。

（2）室内易于形成三角空间的地方是：

炕沿下、坚固家具附近；

内墙墙根、墙角；

厨房、厕所、储藏室等空间小的地方。

3. 公共场所避震

听从现场工作人员的指挥，不要慌乱，不要拥向出口，要避免拥挤，要避开人流，避免被挤到墙壁或栅栏处。

在影剧院、体育馆等处注意避开吊灯、电扇等悬挂物；用书包等保护头部；等地震过去后，听从工作人员指挥，有组织地撤离。

在商场、书店、展览、地铁等处选择结实的柜台、商品（如低矮家具等）或柱子边，以及内墙角等处就地蹲下，用手或其他东西护头；避开玻璃门窗、玻璃橱窗或柜台；避开高大不稳或摆放重物、易碎品的货架；避开广告牌、吊灯等高耸或悬挂物。

在行驶的电（汽）车内抓牢扶手，以免摔倒或碰伤；降低重心，躲在座位附近。地震过去后再下车。

4. 户外避震

就地选择开阔地避震，蹲下或趴下，以免摔倒；不要乱跑，避开人多的地方；不要随便返回室内。

避开高大建筑物或构筑物，特别是有玻璃幕墙的建筑，如过街桥、立交桥、高烟囱、水塔下。

避开危险物、高耸或悬挂物，如变压器、电线杆、路灯、广告牌、吊车等。

避开其他危险场所，狭窄的街道；危旧房屋，危墙；女儿墙、高门脸、雨篷下；砖瓦、木料等物的堆放处。

5. 车间工人避震

车间工人可以躲在车、机床及较高大设备下，不可惊慌乱跑，特殊岗位上的工人要首先关闭易燃易爆、有毒气体阀门，及时降低高温、高压管道的温度和压力，关闭运转设备。大部分人员可撤离工作现场，在有安全防护的前提下，少部分人员留在现场随时监视险情，及时处理可能发生的意外事件，防止次生灾害的发生。

6. 地震发生时行驶的车辆应急避震

（1）司机应尽快减速，逐步刹闸；

（2）乘客（特别在火车上）应用手牢牢抓住拉手、柱子或坐席等，并注意防止行李从架上掉下伤人，面朝行车方向的人，要将胳膊靠在前坐席的椅垫上，护住面部，身体倾向通道，两手护住头部；背朝行车方向的人，要两手护住后脑部，并抬膝护腹，紧缩身体，作好防御姿势。

7. 楼房内人员地震时应急避震

地震一旦发生，首先要保持清醒、冷静的头脑，及时判别震动状况，千万不可在慌乱中跳楼，这一点极为重要。其次，可躲避在坚实的家具下，或墙角处，亦可转移到承重墙较多、开间小的厨房、厕所去暂避一时。因为这些地方结合力强，尤其是管道经过处理，具有较好的支撑力，抗震系数较大。总之，震时可根据建筑物布局和室内状况，审时度势，寻找安全空间和通道进行躲避，减少人员伤亡。

8. 在商店遇震应急避震

在百货公司遇到地震时，要保持镇静。由于人员慌乱，商品下落，可能使避难通道阻塞。此时，应躲在近处的大柱子和大商品旁边（避开商品陈列橱），或朝着没有障碍的通道躲避，然后屈身蹲下，等待地震平息。处于楼上位置，原则上向底层转移为好。但楼梯往往是建筑物抗震的薄弱部位，因此，要看准脱险的合适时机。服务员要组织群众就近躲避，震后安全撤离。

9. 高楼避震三大策略

策略一：震时保持冷静，震后走到户外。

这是避震的国际通用守则，国内外许多起地震实例表明，在地震发生的短暂瞬间，人们在进入或离开建筑物时，被砸死砸伤的概率最大。因此专家告诫，室内避震条件好的，首先要选择室内避震。如果建筑物抗震能力差，则尽可能从室内跑出去。

按照国家有关标准，居民楼房应具有抵御烈度为8度的地震破坏的能力。地震发生时先不要慌，保持视野开阔和机动性，以便相机行事。特别要牢记的是，不要滞留床上；不可跑向阳台；不可跑到楼道等人员拥挤的地方去；不可跳楼；不可使用电梯，若震时在电梯里应尽快离开，若门打不开时要抱头蹲下。另外，要立即灭火断电，防止烫伤触电和发生火情。

策略二：避震位置至关重要。

居住楼房避震，可根据建筑物布局和室内状况，审时度势，寻找安全空间躲避。最好找一个可形成三角空间的地方。蹲在暖气旁较安全，暖气的承载力较大，金属管道的网络性结构和弹性不易被撕裂，即使在地震大幅度晃动时也不易被甩出去；暖气管道通气性好，不容易造成人员窒息；管道内的存水还可延长存活期。更重要的一点是，被困人员可采用击打暖气管道的方式向外界传递信息，而暖气靠外墙的位置有利于最快获得救助。

需要特别注意的是，当躲在厨房、卫生间这样的小开间时，尽量离炉具、煤气管道及易破碎的碗碟远些。若厨房、卫生间处在建筑物的犄角旮旯里，且隔断墙为薄板墙时，就不要把它选择为最佳避震场所。此外，不要钻进柜子或箱子里，因为人一旦钻进去后便立刻丧失机动性，视野受阻，四肢被缚，不仅会错过逃生机会还不利于被救；躺卧的姿势也不好，人体的平面面积加大，被击中的概率要比站立大5倍，而且很难机动变位。

策略三：近水不近火，靠外不靠内。

这是确保在都市震灾中获得他人及时救助的重要原则。不要靠近煤气灶、煤气管道和家用电器；不要选择建筑物的内侧位置，尽量靠近外墙，但不可躲在窗户下面；尽量靠近水源处，一旦被困，要设法与外界联系，除用手机联系外，可敲击管道和暖气片，也可打开手电筒。

10. 家庭避震秘笈

（1）抓紧时间紧急避险。如果感觉晃动很轻，说明震源比较远，只需躲在坚实的家具旁边就可以。大地震从开始到振动过程结束，时间不过十几秒到几十秒，因此抓紧时间进行避震最为关键，不要耽误时间。

（2）选择合适避震空间。室内较安全的避震空间有：承重墙墙根、墙角；水管和暖气管道等处。

屋内最不利避震的场所是：没有支撑物的床上；吊顶、吊灯下；周围无支撑的地板上；玻璃（包括镜子）和大窗户旁。

（3）做好自我保护。首先要镇静，选择好躲避处后应蹲下或坐下，脸朝下，额头枕在两臂上；或抓住桌腿等身边牢固的物体，以免震时摔倒或因身体失控移位而受伤；保护头颈部，低头，用手护住头部或后颈；保护眼睛，以防异物伤害；保护口、鼻，有可能时，可用湿毛巾捂住口、鼻，以防灰土、毒气进入。

11. 避震要点

多数专家认为：震时就近躲避，震后迅速撤离到安全地方，是应急避震较好的办法。避震应选择室内结实、能掩护身体的物体下（旁）、易于形成三角空间的地方，开间小、有支撑的地方，室外开阔、安全的地方。

身体应采取的姿势：

伏而待定，蹲下或坐下，尽量蜷曲身体，降低身体重心。

抓住桌腿等牢固的物体。

保护头颈、眼睛，掩住口鼻。

避开人流，不要乱挤乱拥，不要随便点明火，因为空气中可能有易燃易爆气体。

12. 地震来临时，家庭成员该如何避震

专家建议掌握三条原则：

原则一：因地制宜，正确抉择。是住平房还是住楼房，地震发生在白天还是晚上，房子是不是坚固，室内有没有避震空间，你所处的位置离房门远近，室外是否开阔、安全。

原则二：行动果断、切忌犹豫。避震能否成功，就在千钧一发之际，决不能瞻前顾后，犹豫不决。如住平房避震时，更要行动果断，或就近躲避，或紧急外出，切勿往返。

原则三：伏而待定，不可疾出。古人在《地震录》里曾记载："卒然闻变，不可疾出，伏而待定，纵有覆巢，可冀完卵。"意思就是说，发生地震时，不要急着跑出室外，而应抓紧求生时间寻找合适的避震场所，采取蹲下或坐下的方式，静待地震过去，这样即使房屋倒塌，人亦可安然无恙。

13. 地震时的 9 条须知

（1）摇晃时立即关火，失火时立即灭火

大地震时，也会有不能依赖消防车来灭火的情形。因此，我们每个人是否做出关火、灭火的这种努力，是决定能否将地震灾害控制在最低程度的重要因素。

为了不使火灾酿成大祸，家里人自不用说，左邻右舍之间互相帮助，厉行早期灭火是极为重要的。

地震的时候，关火的机会有三次：

第一次机会是在大的晃动来临之前小的晃动之时。

第二次机会是在大的晃动停息的时候。因为在发生大的晃动时去关火，放在煤气炉、取暖炉上面的水壶等滑落下来，那是很危险的。

第三次机会是在着火之后，即便发生失火的情形，在 1～2 分钟之内，还是可以扑灭的。为了能够迅速灭火，请将灭火器、消防水桶经常放置在离用火场所较近的地方。

（2）不要慌张地向户外跑

地震发生后，慌慌张张地向外跑，碎玻璃、屋顶上的砖瓦、广告牌等掉下来砸在身上，是很危险的。此外，水泥预制板墙、自动售货机等也有倒塌的危险，不要靠近这些物体。

（3）将门打开，确保出口

钢筋水泥结构的房屋等，由于地震的晃动会造成门窗错位，所以门打不开,过去也曾经发生有人被封闭在屋子里的事例。因此请将门打开,确保出口。

平时要事先想好万一被关在屋子里,如何逃脱的方法,事先准备好梯子、绳索等。

（4）户外的场合,要保护好头部,避开危险之处

当大地剧烈摇晃,站立不稳的时候,人们都会有扶靠、抓住什么的心理。身边的门柱、墙壁大多会成为扶靠的对象。但是,这些看上去挺结实牢固的东西,实际上却是危险的。

在1987年日本宫城县海底地震时,由于水泥预制板墙、门柱的倒塌,曾经造成过多人死伤。务必不要靠近水泥预制板墙、门柱等躲避。

在繁华街、楼区,最危险的是玻璃窗、广告牌等物掉落下来砸伤人。要注意用手或手提包等物保护好头部。

此外,还应该注意自动售货机翻倒伤人。

在楼区时,根据情况,进入建筑物中躲避比较安全。

（5）在百货公司、剧场时依工作人员的指示行动

在百货公司、地下街等人员较多的地方,最可怕的是发生混乱。请依照商店职员、警卫人员的指示来行动。

就地震而言,据说地下街是比较安全的。即便发生停电,紧急照明电也会即刻亮起来,请镇静地采取行动。

如发生火灾,即刻会充满烟雾。以压低身体的姿势避难,并做到绝对不吸烟。

在发生地震、火灾时,不能使用电梯。万一在搭乘电梯时遇到地震,将操作盘上各楼层的按钮全部按下,一旦停下,迅速离开电梯,确认安全后避难。

高层大厦以及近来的建筑物的电梯,都装有管制运行的装置。地震发生时,会自动地动作,停在最近的楼层。

万一被关在电梯中的话,请通过电梯中的专用电话与管理室联系、求助。

（6）汽车靠路边停车,管制区域禁止行驶

发生大地震时,汽车会像轮胎泄了气似的,无法把握方向盘,难以

驾驶。必须充分注意，避开十字路口将车子靠路边停下。为了不妨碍避难疏散的人和紧急车辆的通行，要让出道路的中间部分。

都市中心地区的绝大部分道路将会全面禁止通行。充分注意汽车收音机的广播，附近有警察的话，要依照其指示行事。

有必要避难时，为不致卷入火灾，请把车窗关好，车钥匙插在车上，不要锁车门，并和当地的人一起行动。

（7）务必注意山崩、断崖落石或海啸

在山边、陡峭的倾斜地段，有发生山崩、断崖落石的危险，应迅速到安全的场所避难。

在海岸边，有遭遇海啸的危险。感知地震或发出海啸警报的话，请注意相关部门的预警信息，迅速到安全的场所避难。

（8）避难时要徒步，携带物品应在最少限度

因地震造成的火灾，蔓延燃烧，出现危及生命、人身安全等情形时，采取避难的措施。避难的方法，原则上以市民防灾组织、街道等为单位，在负责人及警察等带领下采取徒步避难的方式，携带的物品应在最少限度。绝对不能利用汽车、自行车避难。

对于病人等的避难，当地居民的合作互助是不可缺少的。从平时起，邻里之间有必要在事前就避难的方式等进行商定。

（9）不要听信谣言，不要轻举妄动

在发生大地震时，人们心理上易产生动摇。为防止混乱，每个人依据正确的信息，冷静地采取行动，极为重要。

从携带的收音机等中，把握正确的信息。相信从政府、警察、消防等防灾机构直接得到的信息，决不轻信不负责任的流言蜚语，不要轻举妄动。

14. 平时的准备工作

（1）自己家的安全对策是否万无一失？

平时的准备工作，是将受害控制在最低程度的基本工作。

对大衣柜、餐具柜厨、电冰箱等做好固定、防止倾倒的措施。

在餐具橱柜、窗户等的玻璃上粘上透明薄膜或胶布，以防止玻璃破碎时四处飞溅。

为防止因地震的晃动造成柜橱门敞开，里面的物品掉出来，在柜橱、壁橱的门上安装合叶加以固定。

不要将电视机、花瓶等放置在较高的地方。

为防止散乱在地面上玻璃碎片伤人，平时准备好较厚实的拖鞋。

注意家具的摆放，确保安全的空间。

充分注意煤油取暖炉等用火器具及危险品的管理和保管。

加固水泥预制板墙，使其坚固不易倒塌。

（2）紧急备用品准备好了吗？

饮用水；食品、婴儿奶粉；急救医药品；便携式收音机、手电筒、干电池；现金、贵重品；内衣裤、毛巾、手纸等。

（3）发生大地震时，可以预计在广大区域造成巨大灾害。在这种情况下，消防车、救护车不可能随叫随到。所以，有必要从平时起通过街道等组织，与当地居民进行交流，建立起应付发生火灾、伤员时的互助协作体制。

从平时起，邻里之间应就一旦有事时互助协作体制进行商谈。

积极参加市民防灾组织。

积极参加防灾训练。

15. 临震应急准备

在已发布破坏性地震临震预报的地区，应做好以下几个方面的应急工作：

备好临震急用物品，地震发生之后，食品、医药等日常生活用品的生产和供应都会受到影响。水塔、水管往往被震坏，造成供水中断。为能度过震后初期的生活难关，临震前社会和家庭都应准备一定数量的食品、水和日用品，以解燃眉之急。

建立临震避难场所住的问题也是一件大事。房舍被震坏，需要有安身之处；余震不断发生，要有一个躲藏处。这就需要临时搭建防震、防火、防寒、防雨的防震棚。各种帐篷都可以利用，农村储粮的小圆仓，也是很好的抗震房。

划定疏散场所，转运危险物品。城市人口密集，人员避震和疏散比较困难，为确保震时人员安全，震前要按街、区分布，就近划定群众避震疏散路线和场所。震前要把易燃、易爆和有毒物质及时转运到城外存放。

设置伤员急救中心。在城内抗震能力强的场所，或在城外设置急救中心，备好床位、医疗器械、照明设备和药品等。

暂停公共活动。得到正式临震预报通知后，各种公共场所应暂停活动，观众或顾客要有秩序地撤离；中、小学校可临时在室外上课；车站、码头可在露天候车。

组织人员撤离并转移重要财产。如果得到正式临震警报或通知，要迅速而有秩序地动员和组织群众撤离房屋。正在治疗的重病号要转移到安全的地方。对少数思想麻痹的人，也要动员到安全区。农村的大牲畜、拖拉机等生产资料，临震前要妥善转移到安全地带；机关、企事业单位的车辆要开出车库，停在空旷地方，以便在抗震救灾中发挥作用。

防止次生灾害的发生。城市发生地震可能出现严重的次生灾害，特别是化工厂、煤气厂等易发生地震次生灾害的单位，要加强监测和管理，设专人昼夜站岗和值班。

确保机要部门的安全。城市内各种机要部门和银行较多，地震时要加强安全保卫，防止国有资产损失和机密泄漏。消防队的车辆必须出库，消防人员要整装待发，以便及时扑灭火灾，减少经济损失。

组织抢险队伍，合理安排生产。临震前，各级政府要就地组织好抢险救灾队伍（救人、医疗、灭火、供水、供电、通信等）。必要时，某些工厂应在防震指挥部的统一指令下暂停生产或低负荷运行。

做好家庭防震准备。在已发布地震预报地区的居民须做好家庭防震准备，制定一个家庭防震计划，检查并及时消除家里不利防震的隐患。

（1）检查和加固住房。对不利于抗震的房屋要加固，不宜加固的危房要撤离。对于笨重的房屋装饰物如女儿墙、高门脸等应拆掉。

（2）合理放置家具、物品。固定好高大家具，防止倾倒砸人，牢固的家具下面要腾空，以备震时藏身；家具物品摆放做到"重在下，轻在上"，墙上的悬挂物要取下来成固定位，防止掉下来伤人；清理好杂物，让门口、楼道畅通；阳台护墙要清理，拿掉花盆、杂物；易燃易爆和有毒物品要放在安全的地方。

（3）准备好必要的防震物品。准备一个包括食品、水、应急灯、简单药品、绳索、收音机等在内的家庭防震包，放在便于取到处。

（4）进行家庭防震演练。进行紧急撤离与疏散练习以及"一分钟紧急避险"练习。

地震后对他人的救助

地震发生后，外界救灾队伍不可能立即赶到救灾现场。在这种情况下，为使更多被埋压在废墟下的人员重获宝贵的生命，灾区人民应该积极投入互救，这是减轻人员伤亡最及时、最有效的办法。抢救时间越及时，获救的希望就越大。据有关资料显示，震后20分钟获救的救活率达98%以上，震后1小时获救的救活率下降到63%，震后2小时还无法获救的人员中，窒息死亡人数占死亡人数的58%。他们不是在地震中因建筑物垮塌砸死，而是窒息死亡，如能及时救助是完全可以重获生命的。唐山大地震中有几十万人被埋压在废墟中，灾区群众通过自救、互救使大部分被埋压人员重新获得生命。由灾区群众参与的互救行动，在整个抗震救灾中起到了无可替代的作用。

根据震后环境和条件的实际情况，采取行之有效的施救方法，目的就是将被埋压人员，安全地从废墟中救出来。

可将耳朵靠墙，听听是否有幸存者的声音。通过了解、搜寻，确定废墟中有人员埋压后，判断其埋压位置，向废墟中喊话或敲击等方法传递营救信号。

营救过程中，要特别注意埋压人员的安全。一是使用的工具（如铁棒、锄头、棍棒等）不要伤及埋压人员；二是不要破坏了埋压人员所处空间周围的支撑条件，引起新的垮塌，使埋压人员再次遇险；三是应尽快与埋压人员的封闭空间沟通，使新鲜空气流入，挖扒中如尘土太大应喷水降尘，以免埋压者窒息；四是埋压时间较长，一时又难以救出，可设法向埋压者输送饮用水、食品和药品，以维持其生命。

在进行营救行动之前，要有计划、有步骤，哪里该挖，哪里不该挖，哪里该用锄头，哪里该用棍棒，都要有所考虑。

过去曾发生过救援人员盲目行动，踩塌被埋压者头上的房盖，砸死被埋人员的事件，因此在营救过程中要有科学的分析和行动，才能收到好的营救效果。盲目行动，往往会给营救对象造成新的伤害。

先将被埋压人员的头部从废墟中暴露出来，清除口鼻内的尘土，以保证其呼吸畅通；如有窒息，立即进行人工呼吸。对于伤害严重，不能自行离开埋压处的人员，应该设法小心地清除其身上和周围的埋压物，再将被埋压人员抬出废墟，切忌强拉硬拖。

对饥渴、受伤、窒息较严重，埋压时间又较长的人员，被救出后要用深色布料蒙上眼睛，避免强光刺激；对伤者，根据受伤轻重，采取包扎或送医疗点抢救治疗的措施。

一旦被埋压，要设法避开身体上方不结实的倒塌物，并设法用砖石、木棍等支撑残垣断壁，加固环境。

地震是一瞬间发生的，任何人应先保存自己，再展开救助。先救易，后救难；先救近，后救远。

互救是指已经脱险的人和专门的抢险营救人员对压埋在废墟中的人进行营救。为了最大限度地营救遇险者，应遵循以下原则：先救压埋人员多的地方，也就是"先多后少"；先救近处被压埋人员，也就是"先近后远"；先救容易救出的人员，也就是"先易后难"；先救轻伤和强壮人员，扩大营救队伍，也就是"先轻后重"；如果有医务人员被压埋，应优先营救，增加抢救力量；找寻被压埋的人。

地震后救人，时间就是生命。因此，救人应当先从最近处救起，不论是家人、邻居、工作岗位上的同事，或是萍水相逢的路人，只要是近处有人被埋压，就要先救他们，这样可以争取时间，减少伤亡。震后救人的原则是：

1. 在互救过程中，要有组织，讲究方法，避免盲目图快而增加不应有的伤亡。首先通过侦听、呼叫、询问及根据建筑物结构特点，判断被埋人员的位置，特别是头部方位，在开挖施救中，最好用手一点点拨，不可用利器刨挖。

2. 如伤势严重，不能自行出来的，不得强拉硬拖，应设法暴露全身，查明伤情，施行包扎固定或急救。

3. 在互救中，应利用铲、铁杆等轻便工具和毛巾、被单、衬衣、木板等方便器材。

4.挖掘时要分清哪些是支撑物,哪些是压埋阻挡物,应保护支撑物,清除埋压物,才能保护被压埋者赖以生存的空间不遭覆压。

5.清除压埋物及钻凿、分割时,有条件的要泼水,以防伤员呛闷而死。

6.对暂时无力救出的伤员,要使废墟下面的空间保持通风,递送食品,静等时机再进行营救。

破坏性地震发生后,被埋压人员能否得到迅速、及时抢救,对于减少震灾死亡意义重大。唐山大地震统计资料得知:地震后半小时内救出的被埋压人员生存率可达95%,24小时内救活率为81%,48小时内救活率为53%。由此可见,地震后及时组织自救、互救是非常重要的,对埋压者来说,时间就是生命。

震后,因为被埋压的时间越短,被救者的存活率越高。外界救灾队伍不可能立即赶到救灾现场,在这种情况下,为使更多被埋压在废墟下的人员重获宝贵的生命,灾区群众应积极投入互救,这是减轻人员伤亡最及时、最有效的办法,也体现了"救人于危难之中"的崇高美德。因此在外援队伍到来之前,家庭和邻里之间应当自动组织起来,开展积极地互救活动。救助工作的原则是:

根据"先易后难"的原则,应当先抢救建筑物边沿瓦砾中的幸存者和那些容易获救的幸存者;先救青年人和轻伤者,后救其他人员;先抢救近处的埋压者,后救较远的人员;先抢救医院、学校、旅馆等"人员密集"的地方。抢救出来的轻伤幸存者,可以迅速充实扩大互救队伍,更合理地展开救助活动。

在救人过程千万要讲究科学,对于埋压过久者,不应暴露眼部和过急进食;对于脊柱受伤者要专门处理,以免造成高位截瘫。

大火中的逃生技巧

1.火灾的自救

火灾致人伤亡有两个主要方面:一是浓烟毒气窒息,二是火焰的烧伤和强大的热辐射。只要避开或降低这两种危害,就可以保护自身安全,减轻伤害。因此,多掌握一些火场自救的要诀,困境中也许就能获得第二次生命。

（1）火灾自救，时刻留意逃生路

每个人对自己工作、学习或居住的建筑物的结构及逃生路径要做到有所了解，要熟悉建筑物内的消防设施及自救逃生的方法。这样，火灾发生时，就不会走投无路了。当你处于陌生的环境时，务必留心疏散通道、安全出口及楼梯方位等，以便关键时候能尽快逃离现场。

（2）扑灭小火，惠及他人利自身

当发生火灾时，如果火势不大，且尚未对人造成很大威胁时，应充分利用周围的消防器材，如灭火器、消防栓等设施将小火控制、扑灭。千万不要惊慌失措地乱叫乱窜，或置他人于不顾而只顾自己"开溜"，或置小火于不顾而酿成大灾。

（3）突遇火灾，保持镇静速撤离

突然面对浓烟和烈火，一定要保持镇静，迅速判断危险地点和安全地点，决定逃生的办法，尽快撤离险地。千万不要盲目地跟从人流和相互拥挤、乱冲乱窜。只有沉着镇静，才能想出好办法。

（4）尽快脱离险境，珍惜生命莫恋财

生命贵于金钱。身处险境，逃生为重，必须争分夺秒，切记不可贪财。

（5）迅速撤离，匍匐前进莫站立

在撤离火灾现场时，当浓烟滚滚、视线不清、呛得你喘不过气来时，不要站立行走，应该迅速地爬在地面上或蹲着，以便寻找逃生之路。

（6）善用通道，莫入电梯走绝路

发生火灾时，除可以利用楼梯等安全出口外，还可以利用建筑物的阳台、窗台、天窗等攀到周围的安全地点，或沿着落水管、避雷线等建筑结构中凸出物滑下楼。

（7）烟火围困，避险固守要得法

当逃生通道被切断且短时间内无人救援时，可采取寻找或创造避难场所、固守待援的办法。首先应关紧迎火的门窗，打开背火的门窗，用湿毛巾、湿布堵塞门缝或用水浸湿棉被蒙上门窗，然后不停用水淋透房间，防止烟火渗入，固守待援。

（8）跳楼有术，保命力求不损身

火灾时有不少人选择跳楼逃生。跳楼也要讲技巧，跳楼时应尽量往救生气垫中部跳或选择有水池、软雨篷、草地等方向跳；如有可能，要尽量抱些棉被、沙发垫等松软物品或打开大雨伞跳下，以减缓冲击力。

（9）火及己身，就地打滚莫惊跑

当自己的衣服着火时，应赶紧设法脱掉衣服或就地打滚，压灭火苗；能及时跳进水中或让人向身上浇水、喷灭火剂就更有效了。

（10）身处险境，自救莫忘救他人

任何人发现火灾，都应尽快拨打"119"电话呼救，及时向消防队报火警。

2. 灭火器的分类

灭火器在各种公共场合都能见到，其种类繁多，适用范围也有所不同，只有正确选择灭火器的类型，才能有效地扑救不同种类的火灾，减少伤害。

灭火器的种类很多，按移动方式可分为：手提式和推车式；按驱动灭火剂的动力来源可分为：储气瓶式、储压式、化学反应式；按所充装的灭火剂则又可分为：泡沫、干粉、卤代烷、二氧化碳、酸碱、清水等。

针对不同类型的火灾，要选择不同种类的灭火器。固体燃烧的火灾应选用水型、泡沫、磷酸铵盐干粉等灭火器；液体火灾和可熔化的固体物质火灾应选用干粉、泡沫、二氧化碳型灭火器（这里需要注意的是，化学泡沫灭火器不能灭极性溶性溶剂火灾）；气体燃烧的火灾应选用干粉、二氧化碳型灭火器；扑救带电火灾应选用二氧化碳、干粉型灭火器；金属燃烧的火灾，目前国外主要有粉装石墨灭火器和灭金属火灾专用干粉灭火器，在国内尚未定型生产灭火器和灭火剂，可采用干砂或铸铁沫灭火。下面介绍几种灭火器的使用方法。

（1）泡沫灭火器的使用方法

使用泡沫灭火器时可以手提筒体上部的提环，迅速奔赴火场。但是如果灭火器过分倾斜，使用时横拿或颠倒，会使两种药剂混合而提前喷出，所以使用的时候需要特别注意。当距离着火点10米左右，即可将筒体颠倒过来，一只手紧握提环，另一只手扶住筒体的底圈，将射流对准燃烧物。在扑救可燃液体火灾时，如果已经呈流淌状燃烧，应该将泡沫由远而近喷射，使泡沫完全覆盖在燃烧液面上；如果在容器内燃烧，应将泡沫射向容器的内壁，使泡沫沿着内壁流淌，逐步覆盖着火液面。切忌直接对准液面喷射，以免由于射流的冲击，反而将燃烧的液体冲散或冲出容器，扩大燃烧范围。在扑救固体物质火灾时，应将射流对准燃烧最猛烈处。灭火时随着有效喷射距离的缩短，使用者应逐渐向燃烧区靠近，并始终将泡沫喷在燃烧物上，直到扑灭。使用时，灭火器应始终保持倒置状态，否则会中断喷射。

推车式泡沫灭火器使用时，一般由两人操作，先将灭火器迅速推拉到火场，在距离着火点 10 米左右处停下，由一人施放喷射软管后，双手紧握喷枪并对准燃烧处；另一个则先逆时针方向转动手轮，将螺杆升到最高位置，使瓶盖开足，然后将筒体向后倾倒，使拉杆触地，并将阀门手柄旋转 90 度，即可喷射泡沫进行灭火。如阀门装在喷枪处，则由负责操作喷枪者打开阀门。由于该种灭火器的喷射距离远，连续喷射时间长，因而可充分发挥其优势，用来扑救较大面积的储槽或油罐车等处的初起火灾。

空气泡沫灭火器使用时可手提或肩扛迅速奔到火场，在距燃烧物 6 米左右，拔出保险销，一手握住开启压把，另一手紧握喷枪；用力捏紧开启压把，打开密封或刺穿储气瓶密封片，空气泡沫即可从喷枪口喷出。灭火方法与手提式化学泡沫灭火器相同。但空气泡沫灭火器使用时，应使灭火器始终保持直立状态、切勿颠倒或横卧使用，否则会中断喷射。同时应一直紧握开启压把，不能松手，否则也会中断喷射。

（2）酸碱灭火器的使用方法

酸碱灭火器适用于扑救物质燃烧的初起火灾，如木、织物、纸张等燃烧的火灾，但不能用于扑救可燃性气体或轻金属火灾，同时也不能用于带电物体火灾的扑救。其使用方法是：使用时应手提筒体上部提环，迅速奔到着火地点。决不能将灭火器扛在背上，也不能过分倾斜，以防两种药液混合而提前喷射。在距离燃烧物 6 米左右，即可将灭火器颠倒过来，并摇晃几次，使两种药液加快混合；一只手握住提环，另一只手抓住筒体下的底圈将喷出的射流对准燃烧最猛烈处。同时随着喷射距离的缩减，使用人应向燃烧处推进。

（3）二氧化碳灭火器的使用方法。

灭火时在距燃烧物 5 米左右，放下灭火器拔出保险销，一手握住喇叭筒根部的手柄，另一只手紧握启闭阀的压把。对没有喷射软管的二氧化碳灭火器，应把喇叭筒往上扳 70～90 度。使用时，不能直接用手抓住喇叭筒外壁或金属连线管，防止手被冻伤。灭火时，当可燃液体呈流淌状燃烧时，使用者用二氧化碳灭火剂由近而远向火焰喷射。如果可燃液体在容器内燃烧时，使用者应将喇叭筒提起，从容器的一侧上部向燃烧的容器中喷射。但不能用二氧化碳射流直接冲击可燃液面，以防止将可燃液体冲出容器而扩大火势，造成灭火困难。推车式二氧化碳灭火器一般由两人操作，使用时两人一起将灭火器推或拉到燃烧处，在离燃烧物 10 米左右停下，一人快速取下喇叭筒并展开喷射软管后，握住喇叭筒根部的手柄，另一人快速按逆时针方向旋动手轮，并开到最大位置。灭火方法与手提式的方法一样。在室外使用二氧化碳灭火器时，应选择在上风方向喷射。在室内窄小空间使用时，灭火后操作者应迅速离开，以防窒息。

（4）1211 手提式灭火器使用方法

1211 手提式灭火器使用时一定要非常小心，在距燃烧处 5 米左右，放下灭火器，先拔出保险销，一手握住开启压把，另一手握在喷射软管前端的喷嘴处。如灭火器无喷射软管，可一手握住开启压把，另一手扶住灭火器底部的底圈部分。先将喷嘴对准燃烧处，用力握紧开启压把，使灭火器喷射。当被扑救可燃烧液体呈现流淌状燃烧时，使用者应对准火焰根部由近而远并左右扫射，向前快速推进，直至火焰全部扑灭。如果可燃液体在容器中燃烧，应对准火焰左右晃动扫射，当火焰被赶出容器时，喷射流跟着火焰扫射，直至把火焰全部扑灭。但应注意不能将喷流直接喷射在燃烧液面上，防止灭火剂的冲力将可燃液体冲出容器而扩大火势，造成灭火困难。如果扑救可燃性固体物质的初起火灾时，则将喷流对准燃烧最猛烈处喷射，当火焰被扑灭后，应及时采取措施，不让其复燃。1211 灭火器使用时不能颠倒，也不能横卧，否则灭火剂不会喷出。另外在室外使用时，应选择在上风方向喷射；在窄小的室内灭火

当灾难来临

时，灭火后操作者应迅速撤离，因 1211 灭火剂也有一定的毒性，以防它对人体造成伤害。

（5）干粉灭火器的使用方法

碳酸氢钠干粉灭火器适用于易燃、可燃液体、气体及带电设备的初起火灾，还可扑救固体类物质的初起火灾，但不能扑救金属燃烧火灾。如在室外，应选择在上风方向喷射。使用的干粉灭火器若是外挂式或储压式的，操作者应一手紧握喷枪，另一手提起储气瓶上的开启提环。如果储气瓶的开启是手轮式的，则向逆时针方向旋开，并旋到最高位置，随即提起灭火器。当干粉喷出后，迅速对准火焰的根部扫射。使用的干粉灭火器若是内置式储气瓶或者是储压式的，操作者应先将开启把上的保险销拔下，然后握住喷射软管前端喷嘴部，另一只手将开启压把压下，打开灭火器进行灭火。

有喷射软管的灭火器或储压式灭火器在使用时，一手应始终压住压把，不能放开，否则会中断喷射。干粉灭火器扑救可燃、易燃液体火灾时，应对准火焰要部扫射，如果被扑救的可燃液体呈流淌燃烧时，应对准火焰根部由近而远，并左右扫射，直至把火焰全部扑灭。如果可燃液体在容器内燃烧，使用者应对准火焰根部左右晃动扫射，使喷射出的干粉流覆盖整个容器开口表面；当火焰被赶出容器时，使用者仍应继续喷射，直至将火焰全部扑灭。在扑救容器内可燃液体火灾时，应注意不能将喷嘴直接对准液面喷射，防止喷流的冲击力使可燃液体溅出而扩大火势，造成灭火困难。

如果当可燃液体在金属容器中燃烧时间过长，容器的壁温已高于可燃液体的自燃点，此时极易造成灭火后再复燃的现象，若与泡沫类灭火器联用，则灭火效果更佳。使用磷酸铵盐干粉灭火器扑救固体可燃物火灾时，应对准燃烧最猛烈处喷射，并上下、左右扫射。如条件许可，使用者可提着灭火器沿着燃烧物的四周边走边喷，使干粉灭火剂均匀地喷在燃烧物的表面，直至将火焰全部扑灭。

3.如何正确报火警逃生

《消防法》第 32 条明确规定：任何人发现火灾时，都应该立即报警。任何单位、个人都应当无偿为报警提供便利，不得阻拦报警。严禁谎报火警。所以一旦失火，要立即报警，报警越早，损失越小。

报警时要牢记以下7点：

（1）要牢记火警电话"119"，消防队救火不收费。

（2）接通电话后要沉着冷静，向接警中心讲清失火单位的名称、地址、什么东西着火、火势大小以及着火的范围。同时还要注意听清对方提出的问题，以便正确回答。

（3）把自己的电话号码和姓名告诉对方，以便联系。

（4）打完电话后，要立即到交叉路口等候消防车的到来，以便引导消防车迅速赶到火灾现场。

（5）迅速组织人员疏通消防车道，清除障碍物，使消防车到火场后能立即进入最佳位置灭火救援。

（6）如果着火地区发生了新的变化，要及时报告消防队，使他们能及时改变灭火战术，取得最佳效果。

（7）在没有电话或没有消防队的地方，如农村和边远地区，可采用敲锣、吹哨、喊话等方式向四周报警，动员乡邻来灭火。

4.楼房发生火灾如何脱险

现代都市人几乎都住楼房，楼房起火以后，如何脱险呢？当被困在一个火势较猛的楼房中，看到有烟雾顺着楼梯上升，这并不说明楼梯就一定被烧断了。应仔细观察，因为只有楼梯才是最快的脱险之路。如果没有看到楼梯上有火光，也没有听到爆裂声、倒塌声，就可以断定：楼梯没有起火。这时也不能庆幸地赶快往外冲，得做好自我保护，否则也可能会中途遇到危险。应该用湿毛巾包住口、鼻，并将身上穿的衣服用水泼湿，再把浸过水的棉被披在身上，然后再往外冲。

千万要注意，不可在火灾情况下使用电梯。因为火灾情况下，电梯随时可能发生故障或者被火烧坏。一旦困在电梯中，那就逃生无望了。如果发现楼梯为烟火封锁，无法从楼梯逃生，那怎么办？千万不要惊慌，应该冷静下来，因为解决的方法还是很多的。首先，不可选择跳楼的求生方式。这种方式凶多吉少，是最不可取的。如果被困在二楼，迫不得已则可采用双手扒在窗户或阳台边缘，将两脚慢慢下放，双膝弯曲往下跳的方法。如果处在高层，顺着楼房中的落水管道往下爬是最好的办法，但一定要注意检查一下管道是否牢固，防止自己攀附上去以后管道断裂脱落造成伤亡。同时还可以选择自造绳梯的方式，迅速地将床单撕开结成绳索，一头牢固地系在窗柜上，然后顺着绳索向下滑。未着火的房间去躲避求援也是一种求生之道，可从突出的墙边、墙裙和相连接的阳台等部位转移到安全区域。楼房的平顶是相对安全的处所，万一别无生路，也可以到那里去暂时避难。

可是，当火灾比较迅速，发现时自己已被火围困在房间里，怎么办？紧闭房门，用衣服将门缝堵住。同时不断地向门、窗上泼水，以防门温度过高而燃烧。室内一切可燃物，如床、桌椅、被褥等，都需要不断地向上泼水。千万不要躲到床下、柜子或壁橱里。这时，要想方设法通知消防人员前来营救。要俯身呼救，如喊声仍没有被听到，可以用手电筒或挥动鲜艳的衣衫、毛巾及往楼下扔东西等方法引起营救人员的注意。如果情况更严重，衣服上着了火，那更要及时处理，不要盲目乱跑，也不要用手去扑打。应该扑倒在地来回打滚，火就会被压灭，也可跳入身旁的水中。

如果衣服着火，最好立即用力撕脱衣服。如果是在睡觉时被烟呛醒，应迅速俯下身来冲出房间。别等穿好了衣服才往外跑，因为此刻时间就是生命。如果整个房屋起火，要匍匐爬到门口，最好找一块湿毛巾捂住口鼻。如果烟火封门，千万不要出去！应改走其他出口，并随手将你通过的门窗关闭，以延缓火势向其他房屋蔓延。如果被围困在屋内，应用水浸湿毯子或被褥，将其披在身上，尤其要包好头部，用湿毛巾蒙住口鼻，做好防护措施后再向外冲。这样受伤的可能性要小得多。千万不要趴在床下、桌下或钻到壁橱里躲藏；也不要为抢救家中的贵重物品而冒险返回正在燃烧的房间。

如何面对雷电灾难

1. 在家或在街上

（1）在家要关闭门窗，尽量不要看电视、打电话，也不要用其他电器，最好拔掉电源和信号插头。

（2）尽量不要靠近门窗、炉子、暖气炉等金属的部位，也不要赤脚站在泥地或水泥地上，脚下最好垫有不导电的物品坐在木椅子上等。

（3）不倚靠建筑物的外墙、柱，尽快进入有完好避雷装置的建筑物内，关闭门窗，切不可停留在建筑物的顶面上。

（4）不要在家洗淋浴，特别是太阳能热水器装在屋顶，又处在直击雷保护范围之外的更要特别注意。

2. 在旅行途中或在野外

（1）坐在汽车内或火车厢里是安全的，千万不要在雷电发生时下车，那是十分危险的。

（2）雷雨前应尽快离开水面，离开水陆交界处，离开山顶、高地，这些都是容易遭受雷击的地方。

（3）不要在河里游泳或划船，以防止雷电通过水的传导击中人体。

（4）不要进没有防雷措施的孤立棚舍或岗亭躲雨。在旷野尽量不要使自己成为周围的突出物，不打带金属把的雨伞、扛金属物的器具。

（5）离开大树或电线杆3米。

（6）不要使用移动电话。

（7）不要在外开摩托、骑自行车。

（8）千万注意不要处理开口容器盛载的易燃易爆物品。

（9）一时无处躲避时，应尽快找一处比较低洼又不积水的地方，垫高脚下，铺上塑料布，披上雨披，双脚并拢，减小跨步距离，尽量下蹲，降低高度；外出旅行、劳作，多带几块塑料布是有好处的。

3. 遭遇雷电袭击后救助

（1）人体在遭受雷击后，往往会出现"假死"状态，此时应采取紧急措施进行抢救。首先是进行口对口人工呼吸，雷击后进行人工呼吸的时间越早，对伤者的身体恢复越好，因为人脑缺氧时间超过十几分钟就会有致命危险。

（2）其次应对伤者进行心脏按摩，并迅速通知医院进行抢救处理。

（3）如果伤者遭受雷击后引起衣服着火，此时应马上让伤者躺下，以使火焰不致烧伤面部。并往伤者身上泼水，或者用厚外衣、毯子等把伤者裹住，以扑灭火焰

附二：大火逃生口诀

平时留意逃生路，出口路线记心间；

常备滑绳防火毯，灭火器材勤检测。

遇火拨打一一九，沉着冷静速逃生；

不入险地不贪财，莫坐电梯走通道。

用水浇透裹身物，打湿毛巾捂嘴鼻；

趴下身子靠墙爬，逃生向下不向上。

门把高温慎开门，靠窗呼救堵门缝；

低层居民从窗跳，扔下棉被当气垫。

火烧衣服就地滚，随机应变最重要；

逃生口诀牢牢记，消防安全莫忽视。

【自强不息】

——面对灾难

三 健康心理，正视灾难

感动中国 汶川地震中感人事迹——"如果你能活着，
一定要记住我爱你"

"亲爱的宝贝，如果你能活着，一定要记住我爱你。"这是一位妈妈留给她三四个月大的宝宝的手机短信。救援人员发现她的时候，她已经死了，是被垮塌下来的房子压死的。在一堆废墟间隙，她双膝跪着，整个上身向前匍匐，双手支撑着身体。在她的身体下面，躺着她的孩子，包在一个红色黄花小被子里。因为母亲身体庇护着，小宝宝毫发未伤，抱出来的时候，他还在安静地睡着。手机塞在包裹着孩子的小被子里，保存着这条已经写好的短信。

什么是心理健康？

心理健康（Mental Health）又称心理卫生，是探讨人类如何保护与增强心理健康的心理学原则和方法。谈到卫生的时候，人们往往只知道生理卫生，只注意如何保持躯体健康（即起居饮食等）的卫生原则和方法，却常常忽视了心理健康的心理学原则和方法。

心理健康包括两方面含义：第一是指心理健康状态，当个体处于这种状态时，不仅自我情况良好，而且与社会契合；第二是指维持心理健康，减少异常行为和预防精神疾病的原则和措施。心理健康还有狭义和广义之分：狭义的心理健康，主要目的在于预防心理障碍或行为问题；广义的心理健康，则是以促进人们心理调节，发展更大的心理效能为目标，即使人们在社会环境中健康地生活，保持并不断提高心理健康水平，从而更好地适应社会生活，更有效地为人类和社会做出贡献。

心理卫生的目的，从积极方面来说，是培养个人健全的人格，帮助个人养成运用适宜的方法，解决各种心理问题的习惯，使个体能适应家庭生活、学校学习和社会等各方面环境，并能在各种挫折的环境中保持心理健康，进而促进社会的安定、繁荣。从消极方面来说，它能帮助我们及时发现心理疾病的倾向，以各种行之有效的心理咨询工作及时矫正心理活动的异常，预防心理疾病的产生，并以种种心理疗法、药物疗法等方法加以治疗。

关于什么是心理健康的问题，目前在心理卫生学界尚没有统一的定义。这是因为常态与变态是相对的，两者之间只有程度的不同，而无严格的界限。在心理卫生学界，一般是把心理健康的人所具有的特点作为标准，被多数人所接受的有如下几条：

1. 正视现实

心理健康的人能和现实保持良好的接触，对周围的事物有清醒的、客观的认识，既有高于现实的理想，又不沉溺于过多的幻想。对生活中的各种问题、各种困难和矛盾，均能以切实的方法加以处理而不应逃避，表现出积极的进取精神。

2. 了解自己

心理健康的人具有自知之明，不但了解自己的优点、缺点，而且还了解自己的能力、性格、情绪和动机，并能据此安排自己的生活、学习和工作，从而在求学、谋职或恋爱方面作出正确的抉择，以增加成功的机会。

3. 善与人处

心理健康的人乐于与人交往，既对别人施予感情，也能欣赏并接受别人的感情，因而能和多数人建立良好的人际关系。在与人相处时，积极的态度（如尊敬、信任、喜悦等）多于消极的态度（如嫉妒、怀疑、憎恨等）。

4. 情绪乐观

心理健康的人心胸开朗，情绪稳定、乐观，热爱生活，积极向上，对未来充满希望，遇有烦恼能自行解脱。

5. 自尊自制

心理健康的人谦而不卑，自尊自重，在社会交往中既不狂妄自大，也不退缩畏惧。在行为上独立自主，既能有所为，又能有所不为，只要是好事就能主动去做，如果是坏事就自我克制，纵有外诱亦不为所动。

6. 乐于学习和工作

心理健康的人能把自己的聪明才智在学习和工作中发挥出来，并能从中得到满足感，学习和工作对他不是负担而是乐趣。

心理健康的标准

心理健康标准的制定受时代、社会和文化背景的制约，绝对客观的标准是没有的。但就判断心理健康与否，一般可遵循以下三个原则：

（1）心理与环境的同一性。心理是客观现实的反映，任何正常的心理活动和行为，无论形式或内容均应与客观环境保持协调一致，即同一性。人的心理若与外界环境失去同一性，就难于为人理解。例如，在出现幻觉的状态下，人的心理活动就不能算是正常的。

（2）心理与行为的整体统一性。一个人的认知、情感、意志行为应是一个完整和协调一致的统一体。这种整体统一性是确保个体具有良好社会功能和有效地进行活动的心理基础。例如，一个人遇到一件令人庆幸的事情，若没有外界压力或另谋他图的话，他在感知此事的同时，应有愉快的情绪体验以及相应的表情，并以欢快的语调和行为来表达。如果此人用低沉不快的语气诉述这件令人愉快的事情，并作出痛苦的反应，那么他的心理就处于不健康的异常状态。

（3）人格的稳定性。人格（个性）是个人在长期的生活过程中形成的独特心理特征。人格（个性）一旦形成之后就具有相对的稳定性，并在一切生活中显示出其区别于他人的独特性。在没有发生重大变故的情况下，人格（个性）是不易改变的。如果一个爽朗、乐观、外向的人，突然变得沉闷、悲观、内向，说明他的心理和行为已经偏离了正常轨道，这就要警觉他是否出现异常。

目前认为，心理健康大致包括以下几个方面的内容：

1. 智力。智力发育正常，思维敏捷，精力充沛，注意力集中，能够保持较高的工作、学习效率。

2. 情绪。对自己的情绪、情感、思维等心理活动可以自觉地加以控制和调节，努力适应环境。

3. 意志。意志坚强，有一定耐受力，对生活中出现的刺激和打击，能够正确对待，能把困难变成奋斗的动力，在逆境中奋发图强，做出优异成绩。

4. 行为。行为协调，言行、表里一致，有完整的人格，所想、所说、所做须是统一的。

5. 社交。有一定的社交能力，与人交往适度。择友得当，能与知心朋友交流思想感情，能正确处理社会生活中的人际关系。

6. 心理特点与年龄相符。无论在生命的任何时期，其认识、情感、言谈举止都必须符合自己的年龄。

达到和保持心理健康是一个极其复杂的问题，涉及社会、医学及心理因素，经常用心理健康的标准来衡量自己的行为，才能不断地促进心理健康。

保持心理健康的小诀窍

为保持和促进心理健康，就应当按照心理卫生的原则严格要求自己，坚持预防为主，尽量避免不快的心情。对各种可能致病的不良倾向，要防患于未然，使身心始终处在无忧无虑的、轻松愉快的状态。

（一）避免或消除不良的精神刺激因素

为了自身的心理健康，讲究心理卫生的首要任务，就是要注意防止心理压力，减少不良的精神刺激。一般来说，不良的精神刺激，主要来自生活、工作、交际等方面的挫折和冲突。如果不能很好地认识这一点，并采取积极主动的措施克服它，往往会造成心理失常。

对不良的精神刺激不能被动地适应，要积极创造条件，采取主动，妥善处理各种问题，保持轻松愉快的心境，以确保心理健康。具体应做到以下几点：

1. 不让不愉快的事藏在心里

人在生活的道路上难免会有忧愁，心中有了不平之事，可以找你信任的、谈得来的人交谈，把自己的喜、怒、哀、乐尽情地倾吐出来，彼此思想交流，情感共鸣，把不良心情铲除。

2. 巧妙地回避烦恼

人在工作中难免会有失误或失败。一旦出现了问题，烦恼、内疚于事无补，不能解决问题。自我诅咒："我真该死！算我八辈子倒霉！瞎了眼！"或者是赌气不吃饭，躺倒不干了等等，只能把身体"气坏"，损害健康。一个有效的办法就是把烦恼的事暂时放在一边，做些顺利而容易成功的事，用喜悦填平创伤。

3. 对人谦让

俗话说："尺有所短，寸有所长。"一个人若是处处表现自我，干什么事都是自己出风头，这样既会孤立自己，也会招惹非议。如果别人胜过自己，就要有甘当配角的精神，那就会大家满意而团结，自己愉快而轻松。

4. 多做好事

平时人们常说："人心都是肉长的"，意思是说人是有感情的，你敬我一尺，我敬你一丈。你为别人着想、做好事，别人就会给你以微笑和感激。这样既可以加强人际关系上的亲密感，又可以使自己心安理得，心满意足。

5. 办事要留有余地

一个人的能力、精力总是有限的，因此，办事情一定要实事求是，不可好大喜功，做力不从心的事情。如果超越自己的能力，大包大揽地接受任务，妄想蛮干，最后只能落个失败的下场。这不仅会使自己"大伤脑筋"，而且还会给自己心理上造成创伤，甚至患心理疾病。

6. 宽容待人

对人要友善，真心实意，肝胆相照。要严于律己，宽以待人。不要对别人要求苛刻，让别人一定得按照自己的想法去做。对别人的过错、批评要合情合理，给人一个考虑反省的机会。否则，只会增加自己的烦恼。

7. 积极、主动地工作

对待工作，不要观望，不要推诿，要破除依赖心理，主动地去做。这样才能处理好家庭和单位的人际关系，减少扯皮而带来的烦恼。

（二）培养和锻炼健康的人格

一个人的人格如何，将会直接影响他在事业上的成就，而且还会直接关系到他未来的身心健康。医学研究证明，一个人在人格上有缺陷，他的人际关系的协调性和社会适应能力都会受到严重的影响，也会遭受到更多的精神刺激。因此，也就更容易诱发神经官能症、精神病等多种心身疾病。

培养健全的人格，一定要结合自己在人格上存在的缺陷，有针对性地进行培养。例如，对于一个性格内向、沉默寡言、不爱交往的人，就应该督促和鞭策自己多参加集体活动，力争在适当的场合多表达自己的想法，开会时积极发言，主动与人交往，多交朋友，这样久而久之，就能弥补自己性格中的不足之处。反之，对于一个性格外向、好说好动、爱管闲事的人，那就要自觉地克制自己，不要轻易与人搭话，适当减少社交活动，甚至可以有意识地让自己多一些独处的机会。通过这样的锻炼，也能使自己性格中的过分发展成分受到抑制，而不足的成分得到发扬。

具体说来，应该着重从以下几个方面来培养和锻炼自己健全的人格：

1. 诚实

诚实处事，实事求是。凡是自己能做到的事情要力促自己去完成，并要富有正义感，讲真理，说实话，办实事，做诚实的人。

2. 培养优良的品质

要热爱劳动，积极肯干；学习技术，熟悉业务；追求真理，勤于实践。

3. 适应环境

人不分亲疏，都和睦相处，宽以待人；事不分巨细，都拿得起、放得下；地不分南北，都能做到入乡随俗。

4. 锻炼意志和毅力

在逆境时，不灰心丧气、一蹶不振；在顺利时，不骄不躁，不趾高气扬，不忘乎所以。

5. 谦虚谨慎

要有自知之明，勇于检讨自己的缺点，乐于接受别人的批评、建议和忠告。做到谦虚谨慎，沉着稳重。

6. 保持良好的心情

正确对待困难和不幸的事件，始终保持乐观的精神和稳定的情绪。即便是在逆境中生活，也要泰然处之，心平气和。

7. 提高受挫的忍受力

出现失败或挫折时，不气馁、不消沉，而是总结经验，吸取教训，继续努力。

（三）克服不良的心理和行为

人的心理不健康，很多因素是由自身的原因造成的。讲究心理卫生的目的，就是要及时清除影响自身心理健康的各种"腐蚀剂"。通常有哪些"腐蚀剂"呢？

第一，多疑心理。多疑就是毫无根据地怀疑。这是自寻烦恼，自己给自己设置前进的障碍，既害人又害己。如怀疑别人设置圈套陷害自己，怀疑别人不信任自己，怀疑自己患了严重疾病等。多疑的人经常在心理上处于紧张和痛苦的状态，严重影响心理健康。因此，一定要认识多疑的危害，对人、对己都要坚持信任原则，并采取坚决措施，自觉克服多疑心理。

第二，嫉妒心理。嫉妒，是某种向往得不到而产生的怨恨心理，是自己给自己制造的不良心理刺激。具体表现为对别人的优点和成绩不以为喜，反而感到不舒服、不愉快，甚至诋毁、造谣、陷害。这样不仅会造成人与人之间关系紧张，而且会严重影响自身的心理平衡，危害心理健康。因此，一定要克服嫉妒心理，要树立容人纳贤的优良品质，虚心学习别人的长处。这样既能促进自身的进步，又能使自己避免产生不良的心理刺激，保持愉快的心情。

第三，不良嗜好。在日常生活中，有不少人由于劳动的紧张和疲劳，工作上心情不愉快，常常以抽烟喝酒解闷，以此自我安慰，达到心理上的满足。

俗话说：借酒消愁愁更愁，抽刀断水水更流。这些刺激的结果，不但不能解除疲劳和不快，反而会引起机体的紧张反应，损害机体，促使疾病的产生。医学研究表明，吸烟使人智力衰退，使肺癌、冠心病的发病率增高；年轻女性抽烟还容易发生死胎和自发性流产等病症。这些情况之所以产生，是因为吸烟者体内产生的一氧化碳破坏了红细胞的正常功能，降低了对胎儿的血氧供应所造成的。长期过量饮酒，还会使家庭生活开支增大，产生家庭纠纷，造成家庭不和睦，而且自身还可能引起肝硬化、脑血管疾病，以及行为失控、造成车祸和其他一些违反社会公德的不道德行为。实践证明，抽烟、喝酒既对个体心理发展产生不良影响，对社会心理也十分有害。因此，讲究心理卫生，就要自觉地克服抽烟喝酒等不良嗜好，切实做好自身的身心保健工作。

心理保健的原则

所谓心理保健是指通过培养健全的人格、健康的生活方式和行为习惯，从而预防各种精神疾病和心身疾病的发生，使个体对自然环境和社会环境作更好的适应。由于每个人的自身条件和所面临的问题有很大的差别，因此没有万能的保持心理健康的指导原则，有的只是适用于大多数人的一般性原则。

（一）要有自知之明

自知就是对自己有一个完整、全面、客观的认识，不仅要正确认识自己的优点和长处，还应当清楚地了解自己的弱点和短处。自知是自我意识良好的体现，也是心理保健的重要原则。

例如，搞清楚自己在哪种类型的刺激情境下更容易出现情绪上的困扰，便可帮助自己认清脆弱的方面，从而进一步找到办法提高自己的应激能力。能做到自知是很不容易的，它不仅需要个体对自身的自我观察、自我分析和自我体验，而且还需要通过把自己与别人进行比较来认识自己。

缺乏自知会导致盲目自信，使人不适当地提高自己的抱负水平。过分地强化自己的成就动机，不自量力地从事非力所能及的工作，其结果不仅会因达不到目标而产生挫折感，而且还会由于过度疲劳和心理压力过大而患疾病。缺乏自知还会导致自卑，严重的还会发展到自疚、自责、自暴自弃，持续下去会影响健康。

（二）接受自己

所谓接受自己，包含不讨厌自己，"不和自己过不去"；客观、理智地对待自己的优缺点、长短处；不对自己提出苛刻、过分的要求；原谅自己的失误、过失；等等。一个人的心理烦恼、焦虑不安，往往出于对自己不满意、不接受的缘故，甚至有的人一生都处于对自己的不满之中，在自卑、自疚、自责、自怨、自罪中度过每个时日。

接受自己是以自知为基础的，但它比自知更难做到，绝非一朝一夕之功，需要长期磨炼和自觉地进行修养。

（三）体验现在的幸福感

幸福感是人生活在世界上最有价值的情感体验，能在习以为常的生活中品尝到激动、欢愉的情绪，这需要积极的人生观，对生活的敏锐洞察和对幸福含义的透彻理解。缺乏或体验不到现实的幸福感，必然导致对自己的现实处境不满，从而陷入心理烦恼、苦闷、焦虑和不安之中。

（四）积极参加劳动实践

积极参加劳动实践不仅有经济和道德上的意义，而且还有心理保健方面的意义。没有适当劳动的人，是难以保持心身健康的。

1. 通过劳动实践可以使人保持与现实的联系。心理健康的人并不是没有幻想，但那不是沉溺在白日梦中虚无缥缈的空想，而是通过劳动与现实发生联系，把幻想转化为理想和行动计划，从而更好地适应和改造现实。

2. 通过劳动实践可以使人摆脱对自己的过分关注和消除不必要的顾虑。专心致志地劳动可以使生活丰富而充实，不至于因过分地关注自己而发展为"自我中心"，把自己身上本来属于正常的现象视为反常或病态，给自己增添烦恼。

3. 劳动可以开发自身的潜能，使人认识到自己存在的价值。人只有认识到自己存在的社会价值，才会觉得生活更有意义，才会感到幸福。失去生活信心的人，往往是觉得自己没有存在的社会价值。劳动可以开发人的潜能，使人获得成就感。当"我成功了""我胜任了"的满足感实现时，人就能增强自尊与自信，更加体验到生活的意义。

（五）建立良好的人际关系

人是社会性动物，需要得到别人的关心、支持、重视和保护。建立良好的人际关系可以消除孤独感和隔离感，而孤独、隔离感正是许多情感障碍的核心。建立良好的人际关系，有助于自己改变对事物的消极认识，克服或改善自己不良的心境。建立良好的人际关系，关心和帮助别人，可以提高个人的自我价值感，同时可以换来别人对自己的关心和帮助，而相互关心和帮助对于促进心理健康大有裨益。

（六）寻求专业人员帮助

个人的自我了解和自助能力总是有限的，不要企求单枪匹马地解决一切心理问题。当自己发觉情绪难以平静下来、自己的行为难以控制、难以客观地认识问题、不知道如何解决问题或虽经多方努力但仍无进步和改善的时候，正是寻求心理卫生专业人员帮助的时候。不要等到窘迫不安、心身不能承受的时候才寻求帮助。要树立这样一种认识：寻求专业人员帮助不是软弱的表现，更不是什么不光彩的事情，而是情绪成熟、追求生活质量的表现。

心理保健多禁忌

（一）心理保健的重要性

在现实生活中，心理卫生和生理卫生两者都很重要，两者相互影响、相辅相成。因此，必须提高对心理保健重要性的认识。

1. 预防精神疾病的发生

人的精神疾病，除了少部分是属于遗传造成的以外，大多数是在人的成长过程中受到各种因素的影响，渐渐积累而成。例如，升学就业、家庭婚姻、社会地位、工作事业以及各种突发重大灾难与不测事件都会使人遭受挫折，进而引起各种心理异常。讲究心理卫生，可以使人们很好地处理各种矛盾，提高社会适应能力，使人在挫折面前有足够的思想准备，从而采取切实有效的对策，积极预防各种精神疾病的发生。

2. 预防身心疾病的发生

身心疾病，主要指因心理受到强烈刺激而诱发的躯体疾病。现代医学研究证实，人的疾病的发生不仅受躯体物理因素的影响，还受心理、社会因素的制约，而且在许多躯体疾病中，心理因素往往起着重要作用。例如，人格特点在躯体疾病的发生和发展中，往往起着主导作用。有资料表明，具有过分的自我克制、情绪压抑、倾向于防御和退缩反应等特点的人容易患癌症；争强好胜、缺乏耐心、过于耿直和不易满足等特点的人则容易患高血压和冠心病。

讲究心理卫生，可以矫正人的各种不良心理特点和心理反应，积极发挥各种心理因素的能动作用，从而有效地预防身心疾病的发生。

3. 完善个性

人的个性是在社会生活和环境的影响下，逐渐形成和完善的。然而，在现实生活中，人的个性并不都是完美无缺的，许多人都有着不良的个性特点。例如，涵养性差，容易急躁发火，行为粗野无礼，对人刻薄等。特别是在人的性格和情操中，更容易夹杂着不良的错误成分，这就要求人们讲究自我心理卫生，注意克服自身不良的心理特点，以培养良好的个性。

4. 促进心理健康发展

人们生活在复杂的社会环境中，社会上的各种不良风气难免影响着人的心理，使其心理上混杂着各种不健康的成分。因此，讲究心理卫生的重要目的，就是要促进人的心理健康发展。

实践证明，只有讲究心理卫生，才能使人们排除各种不健康因素的影响，促进心理健康，以充沛的精力去从事所热爱的事业，追求美好的生活，有所发明，有所创造，实现人生价值，为人类做出较大贡献。

心理保健有着如此重要的作用，但要做到这一点，就必须克服心理保健上的一些禁忌，完善自我，造福人类。

（二）心理保健的禁忌

中医学认为导致疾病的原因有内因与外因之分。外因主要是指感受外界的邪气，如风、寒、暑、湿、燥、火六淫之邪；内因主要是指产生于人体内部的致病邪气，其中尤强调过度的情绪变化为害。

情绪，是一个人的心理状态在情感方面的反应。中医把情绪分为"喜、怒、忧、思、悲、恐、惊"七种，并称七情。在正常情况下，人的情绪有利于五脏六腑的功能活动，不会引起疾病。例如喜为心志，在正常情况下，喜能缓和紧张情绪，使血气调和，心气舒畅；怒为肝志，有发泄之意，在某种情况下，可以有助于肝气的通达。但是，如果人的情感波动过于激烈（如狂喜、盛怒、骤惊、大恐等）或持续过久（如积忧、久悲、长思等），就会影响五脏六腑，产生疾病。正如《内经》所说："怒伤肝，喜伤心，思伤脾，忧伤肺，恐伤肾。"那么情绪如何影响五脏而致病呢？

喜是一种愉快的情绪，是人在需求得到满足时快乐的表现。喜悦一般对健康有利，但若暴喜过度，则血气涣散，不能上奉心神，神不守舍，可以出现失神、狂乱等病症。

发怒，即生气，是在需求得不到满足，受到挫折或人格受到侮辱时所产生的一种愤怒情绪。祖国医学认为，怒由气生，气和怒是一对孪生兄弟，怒气会使"血气耗，肝火旺"。为时短暂的轻度的怒气，稍有利于压抑的情绪。但若过度愤怒或大怒不止，则肝气上逆，血随气而上溢，轻则出现面红耳赤、头痛脑涨、眩晕，重则发生吐血、呕血甚则昏厥猝倒等病症。容易发火生气的人往往引起交感神经兴奋性增高，肾上腺素分泌增加，心率急剧加快，易引起心肌缺血、心律失常、血压升高，甚至发生猝死。古代养生家早就懂得怒对人体的危害，指出怒不仅伤肝，怒气填胸还会伤心、伤胃、伤肺，所以总是告诫人们要"制怒"，凡事要想得开。上海市百岁老人苏局仙先生有一个防止激怒的妙法：当你发怒时，拿一面镜子照照自己，看看镜子中的自己满腔怒火、愁眉苦脸的形象多么难看，不如笑一笑。自己笑，镜中人也笑，越笑越好看，什么怨恨、恼怒便一扫而光了。

忧愁，是人面临不利环境和条件时产生的一种担忧和焦虑情绪。忧伤肺，悲忧太甚太久，则肺气抑郁，甚至耗气伤阴，致形瘁气乏、面色惨淡、气少不足以息等。"忧者伤神"，忧愁太过，气血失畅，易导致失眠，使人神志恍惚；同时，抑制胃肠蠕动，影响胃液分泌，导致食欲减退，消化吸收功能不良。长期处于忧愁状态，造成体力过分消耗，致使身体抵抗力下降，免疫功能失调，大脑功能紊乱，甚至导致精神病、高血压病、心脏病、肿瘤等。忧虑是我们面临的头号公敌，在我们的人生事业取得成功之前，必须首先战胜忧虑。忧虑并非癌症，也非病毒致病，然而忧虑与心脏病、高血压、溃疡病、甲状腺功能亢进、糖尿病、偏头

【自强不息】——面对灾难

痛等病密切相关，所以忧虑不仅使人老得更快，如脸上产生皱纹，头发灰白或脱落，使脸上皮肤产生斑点、溃烂和粉刺等，而且确实可以置人于死地。忧虑是健康的大敌，它打破了我们平和的心境，分裂了我们的感情，降低了我们的理解能力、洞察能力、判断能力和决策能力。因此，忧虑者的观察常是片面、错误的，决策和看法常常是不公正的，其计划和意图即使不化为泡影，也不能持之以恒。在现实生活中，人们难免会遇上忧愁的事情，为防止忧愁对人身心的损伤，应学会及时消愁。许多人以酒浇愁，以烟解愁，都是不可取的。有忧愁的人要尽量不去想那些愁事，最好把精力集中在某项工作或自己的某些爱好上，使忧愁随着时间渐渐淡化。

思就是集中精神考虑问题。思虑过度，使脾气郁结，结于胸腹，可致胸脘痞满。脾气受伤，运化失职，则致饮食不思、消化不良、倦怠乏力、腹胀便泄等症。

恐是碰到危险和预料到不测而产生的惧怕和胆怯情绪。大惊卒恐，则精气内耗，肾气受损，肾气陷于下，可致惊惕不安、夜卧不宁、遗精、阳痿、遗尿、腹泻等。

胆怯是出于自我防护而产生的本能，并不是人类所特有的，它是生物的一种基本本能。没有胆怯的人经常遇到不幸，胆怯恰恰可以告诉人们身居危险之境。只要你能正确对待胆怯，它实质上是一种财富，从而使你无论是在体力还是精神上都能对付眼前的危险。在生活中胆怯亦非常重要，对于必要的社会治安而言，胆怯才会产生责任感。

有一种人，当预感到自己、家庭、钱财等受到某种威胁时，胆怯只是唠叨式的咒骂而已。但对更多的人来讲，胆怯如同一棵大树的阴影，整日笼罩心头。当然，并非所有胆怯都不可取，合理的胆怯不仅必要，还是自我约束的基础。

不合理的胆怯如同患了癌症，胆怯总是隐藏在他的身体中，削弱他的力量，搅得他心神不宁。这种胆怯意味着摧毁个人的活力，意味着思想混乱，大脑不协调，思维无法集中，脑中充满了各种各样的灾难，易产生慌乱和危机感。胆怯者经常拒绝参加社会活动，因他们害怕自己的相貌不能令人满意，言谈乏味，见解肤浅……胆怯的积聚只能损害身体，缩短寿命。

　　紧张，是现代生活经常遇到的情绪变化。这是因为现代化的科学技术把人带进了信息密集的时代，信息量的急剧增长使人应接不暇，需要不断地接受新事物，否则会"逆水行舟，不进则退"。现代化的生产，自动化程度的不断提高，使工作变得单调、枯燥和紧张，需要精神的高度集中。现代化城市的人口高度集中，城市生活紧张忙碌的节奏，城市建筑的结构方式，居住和交通拥挤，社会关系复杂多变等，都会导致人们神经精神紧张程度大大提高。心理紧张可引起神经系统、内分泌系统和免疫系统的变化，导致血中脂质增高，如果这些游离的脂质不能被肌肉活动消耗掉，就会使血管平滑肌细胞增殖而发展成动脉硬化。心理紧张可导致生长激素、肾上腺素、去甲肾上腺素和高血糖素分泌增高，这些激素可对抗胰岛素的作用，抑制血糖转化为脂肪在体内贮存，加上其他能量动员作用，大大提高发生糖尿病的倾向。因此，一个人要适应现代化的生活，必须努力学习，适应新形势、新环境、新生活。在不可避免的紧张工作之余，应善于调剂自己的业余生活，让紧张的神经得以松弛和休息，让紧张的心理状态得以平静，这样才不至于对健康产生危害。

　　以上种种过度的情绪变化，导致脏腑的损伤，气血失调，阴阳失衡，最终引起各种疾病，甚至导致死亡。因此，克服不正常的情绪变化，保持健康的心理十分重要。

远离身心疾病

　　心身疾病是指那些主要的或完全的由心理、社会因素引起，与情绪有关的其表现主要为身体症状的躯体疾病。这些疾病通常都有形态上的改变，即在生理机能或组织结构上有具体而明确的损害。因此，又称为心理生理障碍。

　　（一）心身疾病的致病因素

　　1. 个体生理素质与心身疾病

　　不同的心理刺激，或同一性质的心理刺激在不同的时间内总是引起同一易感器官的生理变化或心身疾病。任何刺激只要引起过度情绪反应（如慢性焦虑），即可导致心身疾病。而其中决定因素是器官的易感性，而不是心理动力上的原因。有人以心血管反应为主,称"心血管反应型",另一些人是"胃肠反应型",等等。这些反应的个体特异性,可能是先天的生物性差异,也可能是由于后天环境中个体发育的早期,因各种原因导致某心脏器官相对脆弱,易罹患疾病。

2. 个性特征、行为类型与心身疾病

为了压抑心理压力的释放而使植物神经系统和内分泌系统过度激活的人,易患心身疾病。雄心勃勃、难于驾驭的人易患冠心病。而溃疡病病人个性特征表现为紧张,要求严格,固执,有实干精神,十分谨慎。偏头痛患者的个性表现为追求尽善尽美,死板,好争斗,好嫉妒。但某种特定个性与特定心身疾病之间是否具有肯定的因果关系,目前尚需进一步研究。

3. 社会心理因素与心身疾病

社会心理刺激因素对心身疾病有重要的影响。人们在工作、学习和日常生活中接收大量的信息并作出相应的反应。这中间有一个大脑对信息进行加工的过程,同时又有一个个体的心理活动的过程。人们的外部行为表现往往是较短暂的,但由于信息的不断反馈与传递,使得人们的心理活动以及客观外界刺激给人们心理带来的影响将会持续存在。人们根据一定的外部信息所作的适应性反应并不总是成功的。一种适应性行为的失败,必然在人们的心理上造成不良影响,引起心理上的矛盾冲突,并进而影响人的生理情况,严重、持久的影响可造成机体内稳态的失调。心身疾病就是与社会环境、家庭环境以及这些环境所影响而产生的心理活动有着密切的关系。

(二)心身疾病范围

一般说,人体的各个器官都能罹患心身疾病,但是那些与情绪密切联系的器官系统,特别是那些由植物神经系统支配的器官则更易于患这种疾病。

1. 心血管系统疾病

(1)原发性高血压。最终可导致心脏、肾脏或脑血管的损害。

(2)偏头痛。剧烈的一侧性头痛,并伴有呕吐。

(3)冠心病。由于冠状动脉血管暂时不能充分地供应心肌以含氧的血液，引起突然的胸部剧烈疼痛。

（4）雷诺氏病。由于上肢端手掌与手指等部位小血管痉挛收缩，造成发冷或麻木。

（5）心动过速。心率骤然加快且无节律（每分钟 100 次以上）。

2. 胃肠系统疾病

（1）消化性溃疡。十二指肠或胃壁上产生溃疡病灶，严重时造成出血。

（2）溃疡性结肠炎。结肠或大肠上出现炎症，造成腹泻、便秘、疼痛，严重时造成出血、贫血。

（3）神经性厌食症。进食不足、消瘦，严重时可导致死亡。

3. 内分泌系统疾病

（1）甲状腺机能障碍。甲状腺激素分泌过多（即甲亢），引起易激动、烦躁和消瘦、眼球外突等症状；甲状腺激素分泌不足则引起呆滞、皮肤粗糙、疲乏无力等症状。

（2）糖尿病。糖代谢障碍，血糖和尿糖含量均增高，引起过分口渴、虚弱无力和体重减轻等症状。

4. 呼吸系统疾病

（1）支气管哮喘。发作性呼吸过深或喘息，严重时造成眩晕和昏厥。

（2）过度换气综合征。呼吸过分地加快、加深，胸部憋闷，头痛，恶心，心悸。

（3）慢性呃逆。横膈肌痉挛发作，可造成呕吐或失眠、疲惫。

5. 皮肤疾病

（1）荨麻疹。发红、发痒、隆起的和条状的皮肤病变，通常成片出现。

（2）斑秃。头发部分（一撮一撮地）或全部脱落，通常是突然发生。

（3）神经性皮炎。身体某些部位的皮肤发生炎症，出现发红、发痒等斑块。

6. 肌肉和骨骼系统疾病

（1）周身疼痛。背、腰、肩、颈、四肢及头部肌肉的紧张和疼痛。

（2）类风湿关节炎。关节疼痛和肿胀。

（三）心身疾病的具体表现与个性缺陷

高血压病：好竞争、好胜心强，常感时间不够用、有压力，不易暴

自强不息——面对灾难

露自己的思想与情绪，固执、保守或过分耿直，多疑敏感、自卑胆小和常有不安全感。

冠心病：缺乏耐心、好激动、好借故生端，活动迅速、竞争心强，常感时间不够用、有压力。

消化性溃疡：爱生气、胆小、易激动，抑郁、悲观失望，不好交际，行为刻板、被动顺从、好依赖，缺乏创造性。

癌症：敏感、内向、抑郁，表面上看来高兴而实际上隐藏着愤怒和失望，心理矛盾、有不安全感，不能克制和压抑自己，急躁易怒、专横暴虐、情绪不稳。

偏执性精神病：主观、固执、敏感、多疑、易激动，自尊心强，自我中心、自命不凡、自我评价过高，爱幻想、不能虚心接受批评，不能实事求是对待生活中的各种遭遇。

神经衰弱：胆怯、敏感、多疑、缺乏自信，任性、易急躁、自制力差，心胸狭窄、不开朗、好疑虑、过分主观。

焦虑症：怯懦、易惊恐、羞涩、敏感，对任何事物均惶恐不安，不能很快适应新环境。

强迫症：主观任性、急躁好胜、自制力差，胆小怕事、过分谨慎、迟疑畏缩、优柔寡断，容易发窘、拘谨，生活习惯刻板、墨守成规，兴趣和爱好不多，内在思维活跃，好分析思考一些抽象的玄奥哲理，生怕出现不幸，工作谨小慎微、主动性十足。

疑病症：固执、吝啬、谨慎、敏感、多疑，高度注意自身健康，对体内不适感觉敏感、关切、紧张、恐惧，并努力寻找不适的原因，只相信自己而不相信事实。

抑郁性神经症：不开朗、悲观、好思虑、敏感、依赖性强。

周期性精神病：热情、好动、爽直、急躁或孤僻、胆小、脆弱。

癔病：情感反应强烈而不稳定，为人处世好感情用事，多愁善感、易受暗示、富于幻想、自我中心、好表现自己。

精神分裂症：孤僻、内向、离群、敏感、多疑、好幻想，不暴露思想，主动性差、依赖性强，犹豫、胆小、怕羞。

躁狂抑郁症：好交际、富于同情心，少幻想、兴趣广泛、情绪不稳，易于喜悦、忧郁。

判别心理异常

判别心理活动的正常和异常是相当困难的。原因在于：

首先，有关异常心理活动和正常心理活动的区别是相对而言的，企图在两者之间找到一个固定不变、普遍适用的分界线或绝对标准是极难做到的。

其次，异常心理活动的表现受到多种因素的影响，它包括客观环境、主观经验和心理状态等，而判别的标准又受到判别者对这些因素所起作用的认识及其所采用的判别方法的影响，因而在这一问题上较难有统一的为人们公认的判别标准。尽管如此，但这并不是说心理活动的常态（正常）与变态（异常）就无法鉴别了。

事实上，在有些情况下，两者确实存在着实质的差异，因而不能一概而论。

判别心理正常和异常的具体标准主要有以下几方面：

1. 以经验作为标准

所谓经验的标准有两种含义：

（1）指病人自己的主观经验。他们自己感到忧郁、不愉快、心理不适，或自己不能自我控制某些行为等等，因而主动寻求医生的帮助，这种判断标准在某些神经症病人身上常有应用。但是，也有某些病人由于坚决否认自己在身心方面确实存在着的异常现象而恰好构成了判定其心理与行为异常的标准，这实际上也是应用了主观经验的标准。

（2）指旁观者以自身的经验作为参照来判别正常和异常。这种标准可因人而异，主观性很大。这里必须指出的是，上述以自身经验为标准来判别他人行为正常或异常的做法，与医生利用临床经验来对病人进行心理诊断是不能相提并论的。

2. 以个人行为是否符合社会规范作为标准

这是以个人的行为是否符合社会规范来划分常态和变态的。凡是符合社会规范、为社会所接受者，即为正常；否则即为异常。这种判别标准虽然符合一般常识的看法，但不能作为普遍适用的原则。因为社会标准并不是一成不变的，而且不同文化背景、不同地域、不同民族、阶级、阶层的人对于行为也有不同的规范和标准。例如，20世纪70年代在我国若看到男青年留长发、穿花衬衣，人们恐怕会将其视为异常，但到了80年代中期以后则对此就习以为常了。又如，我国旅店通常是将同性客人安排在一室住宿，若在西方国家就这类旅客将会被视为同性恋者。因此，任何有关异常或变态的定义都不能仅仅根据个体对某个社会的顺从性来考虑。

3. 以个人对环境顺应与否作为标准

顺应是指良好的适应过程及其效果。如果适应的后果没有成效就称为顺应不良。按照这个标准，如果一种行为对个人或对社会造成不良影响，那么它便是变态。

4. 统计学标准

这是以统计学上常态分配的概念来区分常态与变态。在取大样统计中，一般心理特征的人数频率多为常态分配，居中间的大多数人为正常。居两端者为异常。因此，确定一个人的行为正常与否就是以其心理特征是否偏离平均值为依据。这就是说，异常是相对而言的，其程度要根据其与全体的平均差异来确定。

统计学标准应用到心理测验中，所提供的数据较为客观，而且作为一种规范化的检查方法也容易为大家所掌握。但是，这种以纯数量为根据的判别方法也有局限性。例如，有些行为的分配则不一定是常态曲线；有些虽呈常态分配，但仅有一端是异常，而另一端则是超常或优秀的状态。

5. 以病因与症状是否存在作为标准

有些异常心理现象或致病因素在正常人身上是一定不存在的。若在某人身上发现这些致病因素或疾病的症状则被判别为异常。如麻痹性痴呆、药物中毒性心理障碍等不是人人都有的，此时物理化学检查、心理生理测定等就有较强的鉴别力。这一标准比较客观，但适用的范围比较狭窄，例如它对神经症、人格障碍等的判别上就无能为力。

如上所述，在心理正常与异常的划分上，实在难以找出一个通用、客观的标准。上列五种标准中，几乎没有一个能在单独使用时完全解决问题的。当然这并不是说心理活动的正常与异常就无法判别了。事实上，在患严重精神病时，以上所有标准都是适用的。但是从心理正常范围过渡到心理异常范围的临界状态（边缘状态）时，则哪一个标准都难以判定，只有具备更为丰富的临床经验和实际知识，通过对量与质的辩证分析才能正确作出判别。

心理冲突

在日常生活中，人们有时候会同时有多种需要、愿望和目标，如果这些需要、愿望和目的互不相容，人们必须在其中作出一种选择，这样就会造成冲突的心理状态。所谓心理冲突就是指相互对立或排斥的目的、愿望、动机或反应倾向同时出现时引起的一种心理状态。引起心理冲突的刺激或情境称做"冲突情境"。

心理冲突常常发生于两种对立的动机并存时。日常生活中最常见而又最难解决的动机冲突常常包含下列相互排斥的动机：

（1）独立与依赖；

（2）亲近与疏远；

（3）合作与竞争；

（4）表达内心冲动与遵循社会道德准则。

有时候虽然只有一种动机和目的，但可以有几种不同的方法或途径达到目的，此时也可引起心理冲突。

一般地说，心理冲突可分为以下三种基本类型：

1. 趋—趋冲突

又称双趋冲突。这是指一个人的面前同时有两个同样吸引力的目标，必须从中抉择时发生的心理冲突。一般说来，简单的、轻度的趋—趋冲突并不会引起情绪上的明显变化。例如，在星期日晚上，我们想看电视中某频道的一个节目，而不能看另一频道的节目。有时，两种欲求都比较强烈，而实际上只能满足一种欲求，必须放弃另一种欲求，这时就会在心理上产生难以作出取舍的强烈冲突。例如三角恋爱时，一男二女中的一男，或一女二男中的一女，其心理冲突是比较强烈的。

2. 避—避冲突

又称双避冲突。这是指一个人同时面临着两种不利于自己或令人讨厌的事情，要回避其一就必须遭遇另一件事产生的心理冲突。所谓"前有悬崖，后有追兵"的处境，便是一种严重的双避冲突情境。一位癌症病人可能必须在手术治疗和药物治疗之间作出选择，如果他认为手术治疗会给自己带来很大的危害和风险，而药物治疗疗效又不肯定，且毒副作用大，则便会陷入避—避冲突之中。避—避冲突比趋—趋冲突对人的身心健康危害大，而且也比较难解决。

3. 趋—避冲突

所谓趋—避冲突是指一个人对同一目标采取矛盾的态度——既喜欢、向往和追求，又厌恶、拒绝和逃避时发生的心理冲突。也就是说，同一目标对于个体来说，可能满足某种欲求，但同时也构成威胁，既有吸引力又有排斥力。遇到这样的矛盾，就会产生趋—避冲突。

趋—避冲突是一种最常见的心理冲突。因为人生中的许多目标，往往既对人有吸引力，又要求人付出一定的代价或具有一定的危险性。例如，一个人既想吸烟，又怕损害健康；既想尽快发财致富，又好逸恶劳；既想倾诉自己的烦恼，又怕别人笑话；等等。上述事例举不胜举。总之，人们每做一件事，都要事先判断利弊得失。从"利"与"得"的一面看，人们倾向于作出趋向的决定；但从"弊"与"失"的一面看，人们又倾向于作出回避的决定。当趋向和回避两种动机强度均等，而且这种决定与当事人有重大利害关联时，则当事人便会在两种动机间徘徊、彷徨，处于高度的不安状态。

趋—避冲突的心理调适方法主要有：

（1）强化目标的吸引力，弱化目标的排斥力，从而使"趋"的心理倾向压倒"避"的心理倾向。例如强化对目标优点的认知评价；也可以相反，即弱化目标的吸引力，强化目标的排斥力，从而使"避"的心理倾向压倒"趋"的心理倾向，如强化对目标缺点的认知评价等。

（2）利用饮酒或服用某些药物的方法降低或削弱回避的倾向。例如，服用镇静药或饮酒可以促使人做那些正常状态下原想做，但又避免做（由于担心不良后果）的事情。

（3）对与原来目标类似的另一目标作出反应。例如，一位由于同男朋友发生剧烈分歧和矛盾而陷入趋避冲突中的女青年，可能会选择一位与原来男朋友类似但又不完全相似的新男友为伴侣，以摆脱心理冲突。

以上是心理冲突的三种主要类型。在现实生活中，这些心理冲突多半是以几种重复的复杂形式表现出来的，有时候一个人必须在两个或两个以上的各有优缺点的事物或目标之间抉择，此时产生的心理冲突就不是单一的趋—避冲突，而是双重或多重的趋—避冲突。例如，人们在选择工作时，一种是物质待遇优厚而社会地位却不高，另一种是社会地位高但物质待遇却较差，这时会使当事人难以抉择；又如，手术、药物和放射治疗各有利弊，如果一个癌症病人只能从中选择一种，便会陷入多重趋—避冲突之中。

人的一生中不可避免地会产生各种心理冲突，心理冲突若不能获得解决，便会造成挫折和心理应激，从而给人的身心健康带来严重的威胁，甚至会使人的精神趋于崩溃。因此，有关心理冲突与调适的研究，一直为广大心理学、精神病学和精神卫生工作者所密切关注。

心理护理

心理护理是指在护理过程中，通过行为的或人际关系的影响，改变病人的心理状态和行为，促进患者康复的方法。

（一）心理护理的程序

1.了解病人的心理需要

（1）躯体需要。是指生理病理上的需要。它包括住院病人在治疗或护理上的一切需要，如对氧气和二氧化碳的交换、休息与活动、饮食与排泄等。

（2）感情的需要。由于患者处于陌生环境，接触新异事物（如仪器监护、检查、输血、补液等），与亲友分离，因而有要求护理人员给予关心、体贴等感情投入的需要。

（3）社交需要。良好的护士—患者关系以及同一病室的友好人际关系，可以较快地消除病人的陌生感。

（4）思想上的需要。病人最关心的是病情、疗效等，还有住院带来的对工作、学习及家庭、经济等的影响。

（5）精神上的需要。这在不同的人有完全不同的内容，如事业心、创作欲等。

2. 观察病人的心理反应

（1）应激与适应。应激是环境的不良刺激引起的机体反应。而心理应激是指心理社会因素引起的特殊心理状态，常有感知过敏、唤醒水平提高以及各种情绪变化，并伴有血压、脉搏、代谢等生理反应。人在患病后，患病本身就是一种心理社会因素，可以引起心理应激以及由此而引发的适应反应。

（2）焦虑。焦虑是对当前及未来情况的担心、担忧的一种复杂心理状态。病人患病后，特别是疾病初起的急性期因思虑过度，往往引起焦虑。

（3）抑郁。抑郁是一种常见的负性情绪反应。它是思维、情感、机体反应及动作的组合，其核心特征是自尊性低、伤感、沮丧、绝望、无助，机体功能改变，社会活动能力降低。抑郁是一种常见的心身症状，它可起因于患病，也可以构成诱发疾病的危险因素，并且是许多疾病的心理反应之一。

3. 收集病人的心理信息

（1）观察法。通过观察病人的表情、行为，发现患者心理变化。

（2）心理评估法。通过心理卫生评定（SCL—90）、抑郁自评（SDS）、焦虑自评（SAS），来评定患者心理状态和趋势。通过艾森克个性问卷（EPQ）、明尼苏达多相个性测定（MMPI），来评定患者个性特征。通过紧张性生活事件量表，来评定患者对紧张性生活事件的体验。

4. 病人心理护理诊断及心理问题解决方法

通过对信息的分析，提出心理护理的目标，提出干预的策略并具体执行之。病人心理护理诊断也称做信息的分析。常见的护理诊断大约有 43 种，如活动耐受力差、焦虑、便秘、腹泻、心输出量不足、疼痛、言语沟通障碍、应付环境能力差、恐惧、悲伤、缺乏自理能力、自我概念紊乱等。

5. 心理护理效果的评价

评价过程开始于护士与病人相互作用的瞬间，并在整个心理护理过程中都在同时进行着。护士对自己护理成绩的评价是根据她的行为是否符合护理程序和她自己的计划，不能以病人的目标是否达到来作为自己护理成绩的标准。心理护理效果的评价也可以参照心理测试的动态观察。

（二）心理护理的方法

从医学心理学的观点来看，心理护理主要属浅层心理治疗范畴，如鼓励、支持、保证、疏导、宣泄心理治疗等。为达到心理护理的目的，应做好以下几项工作。

1. 建立良好的护士—患者关系，树立良好的护士形象。实际上，基本的服务态度是建立这种关系的基础。

2. 促进患者间良好的人际关系是一个有利的社会支持系统，可以帮助患者消除不安情绪，减轻痛苦；反之，若病友间传播不利于疾病的信息，则会给心理护理带来不良影响。护士应该在所管辖病区中的病房建立心理护理的立体氛围，防止不良刺激的干扰。

3. 对患者及其家属进行教育

家属、亲友对病人有直接的影响，他们的情绪直接影响病人的情绪，而他们的情绪又受病人的病情所左右。手术前教育，如果把家属也包括在内，其效果要比单独对病人教育的效果为好。

4. 加强护理宣传

告诉病人有关疾病发生、发展以及治疗、康复的信息是十分有益的。这不仅是护士的工作，还可组织医生，特别是本病区知名的医生（包括专家、科主任）、治愈的病人来针对病人实际情况进行宣传教育，以增进其对疾病的正确认识，消除焦虑、疑惧、抑郁心理状态。

5. 创造良好的休养环境

环境对病人的心理有直接影响。要保持病房整齐清洁、安静美观，对采光、照明、色彩、陈设、气味、声音都应加以注意，因为花香、音乐、壁画等都对心理护理有一定作用。

6. 合理安排病人的生活

在病房中要为患者生活方便考虑，如室内温度适宜，厕所通畅，洗漱方便等。同时应针对患者实际情况组织娱疗音疗，组织适当体力锻炼；在有条件的情况下要教会患者松弛训练，要注意保证患者的营养和睡眠。

7. 针对不同病人的心理特点实施心理护理

不同年龄、不同疾病以及不同病程的患者，心理护理也不同，应从具体情况出发制定具体的心理护理措施。内科要注意急、慢性病人的心理护理，还要做好监护病人和进行特殊检查病人的心理护理。外科则需注意手术前后病人的心理护理。而妇产科则应根据妊娠早期、后期和分娩期的不同情况进行心理护理。

常用的心理治疗方法

（一）心理治疗的目标

心理治疗的根本目标，是促进患者成长，自强自立，使之能够自己面对和处理个人生活中的各种问题。这是从一般意义上的对治疗目标的论述。

（二）心理治疗的一般过程

虽然心理治疗的过程极为复杂，但为了方便起见可以把其一般过程描述如下：

1. 患者因患有心理疾症或情绪问题来找治疗者。患者向治疗者详细说明病情，包括自己过去的生活史及家庭背景，并详述心理问题产生的来龙去脉，让治疗者能深入了解自己的背景及心理状况，诊断其问题症结所在，及了解病因与症状之关系。

2. 患者经过描述自己性格、生活方式、家庭人际关系，慢慢与治疗者共同发觉自己的行为特点及应付困难的方式，同时渐渐领会自己的问题所在。

3. 在治疗者协助之下，患者应逐渐发觉处理问题、应付问题的方法。包括改变对自己的看法，改善自己对他人的态度，控制自己的欲望，表现自己的行为与意见，等等。

4. 治疗者利用与患者已建立的良好关系，鼓励、支持患者，并督促、训练他（她）养成新的适应能力，充分发挥原有的潜在能力，采用较成熟的自卫机制，有效地改善、适应生活环境。

在整个心理治疗过程当中，患者要学习如何描述、分析自己的心理状况、行为方式以及自己的潜意识动机等等。并随时听取治疗者的解释、指点，领悟自己内心的动机，了解潜意识里的症结；并时时努力改变自己的态度、想法、反应方式及人际关系。对于治疗者，则需要懂得听取患者的描述，领会意境，看透含义，并能把所获取的信息进行分析、解释、说明，最后还要考虑治疗方法，提供意见。总之，心理治疗需要双方相互合作，才能得到顺利进行，并取得满意的效果。

（三）常用的心理治疗方法

其中包括精神分析疗法、系统脱敏疗法、认知疗法、生物反馈疗法、森田疗法、家庭与婚姻疗法等。

1. 精神分析疗法

（1）自由联想

这种治疗方法的具体做法是：让病人舒适放松地躺着或坐好，把自己想到的一切都讲出来，如童年的回忆、过去的经历、个人的创伤、使自己害怕的事。病人必须随时把浮现在脑海里的任何观念、想法全部说出来，无论与疾病是否有关，甚至一些似乎毫无意义、无聊的想法都应讲出来。医生不要轻易地打断。当病人所谈的内容不能流畅地叙述或避开所谈的问题而言其他时，往往便揭示出症结的关键之处，这也将成为医生进行心理分析的突破口。此时治疗者的任务就是要帮助病人克服这种意识的抗拒，用同情的语调引导病人将伴有严重焦虑和冲突的事情引入病人的意识中，将压抑的情感发泄出来。由于许多事情属于幼年时代的精神创伤，当时所产生的情感反应通常是比较幼稚的，现在当病人在意识中用成人的心理重新体验，就比较容易处理和克服掉，这叫做情感矫正。这样病人所呈现的症状也就自然消失了，使自由联想贯穿于整个治疗过程。

（2）梦的分析

弗洛伊德认为"梦乃是做梦者潜意识冲突欲望的象征。做梦的人为了避免被他察觉，所以用象征性的方式以避免焦虑的产生"。弗洛伊德在给病人进行治疗时，病人时常提自己曾做过的梦，由梦的内容进行联想，可引用许多无意识的材料。弗洛伊德通过对梦的研究，发现梦是通向无意识的一条迂回道路。

在梦中所出现的几乎所有物体都具有象征性。梦的工作通过凝缩、置换、视像化和再修饰，才把原本杂乱无章的东西加工整合为梦境，这就是梦者能回忆起来的显梦。显梦的背后是隐梦，隐梦的思想，梦者是不知道的，要经过心理分析家的分析和解释才能了解。对梦的解释和分析就是要把显梦的化装层揭开，以求其隐义。

（3）阻抗分析

弗洛伊德在使用自由联想法不久，就发现病人在联想时并不自由。具体表现为：自由联想过程中，病人在谈到某些关键问题时，就表现为联想困难，会出现谈话中断、叙述缓慢，而且对梦的任何细节都回忆不起来。这就是治疗过程中的"阻抗现象"。后来，弗洛伊德慢慢地发现这种抗拒有些是有意识的，而大部分是无意识的。也就是说，病人对治疗的这种强烈抵抗，自己无法意识到，也不会承认，他们可能还会为自己的这种无意识行为寻找理由，进行辩解。

产生阻抗的根源是由于无意识里有阻止压抑的心理冲突重新进入意识的倾向。当自由联想的谈话接近这些无意识的事实时，无意识的抗拒就发生了作用。因此阻抗的发生，往往正是病人问题之所在。无论其表现形式如何，阻抗会一直贯穿于治疗的全过程之中。阻抗一方面是治疗的障碍，另一方面是治疗的中心任务之一。治疗者需经过长期努力，通过对阻抗产生的原因进行分析，帮助病人真正认清和承认阻抗，治疗便向前迈了一大步。

（4）移情分析

当一个人在幼儿时，跟自己的父母所经历的特殊亲子关系与感情，往往会固定下来，日后与具有权威性的、类似父母的人们，如老师、医生与治疗者接触后，也会产生这种"移情关系"。病人与治疗者接触后，也会产生这种"移情关系"。治疗者通过移情可以了解到病人对其亲人或他们的情绪反应，引导他讲出痛苦的经历，揭示移情的意义，使移情成为治疗的推动力。

移情作用在治疗开始即发生于病人心理，暂时是最强大的动力，这种动力的结果，如引起病人的合作，则有利于治疗的进步；一旦变为抗力，那便是十分麻烦的事情。对移情的这种本质，病人是意识不到的，这就要求治疗者能够巧妙地利用移情，将移情转化为治疗的动力。

（5）解释

解释是心理分析中最常用的技术。解释的目的是让病人正视他所回避的东西或尚未意识到的东西，使无意识中的内容变成有意识的。解释也是克服抗拒的主要方法，其过程就是医生对病人的一些本质问题加以解释、引导和劝阻，使病人对他一直没有理解的心理事件变成可以理解的，把看起来似乎没有意义的想法和行为与可以理解的往事联系起来，并逐渐理解抗拒和移情的性质，只有这样才可以使症状渐渐消失。解释要在病人有思想准备时进行，此外，解释是逐步深入的，根据每次会谈的内容，用病人所说过的话作依据，用病人所能理解的语言告诉他的心理症结所在。解释的程度随着长期的会谈和对病人心理的全面了解而逐步加深和完善，而病人也通过长期的会谈在意识中逐渐培养起一个对人对事正确成熟的心理反应和处理态度。

2. 系统脱敏疗法

由精神病学家沃尔普首创，是目前欧美最为盛行的行为治疗方法之一。系统脱敏疗法的基本思想是：使一个原可以引起微弱焦虑的刺激，在处于全身松弛状态下的病人面前重复暴露，从而使刺激逐渐失去引起焦虑的作用。

系统脱敏法通常包括以下三个步骤：

（1）放松训练：是指在一个安静的环境中，治疗者指导病人使用意念使情绪轻松和肌肉放松，以缓解病人紧张、焦虑、不安、气愤的情绪。放松疗法的具体方法包括：

①深呼吸放松法：病人双肩自然下垂，闭上双眼，然后慢慢地做深呼吸，以减弱紧张的情绪反应。这种方法虽简单，但常可起到一定作用，因为病人遇到紧急场合常记不起或根本不知道该怎么办。

②静坐法：病人采取坐或卧的姿势，调整呼吸，排除杂念，使头脑一片空白，即达到"入静"。

③想象性放松法：在做想象性放松以前，治疗者先要求病人放松地坐好，闭上双眼，然后逐步给予言语性指导，让病人自行想象。想象的内容多为积极的、好的东西。

④渐进性放松法：美国生理学家杰克伯森创立的一种由局部到全身，

由紧张到松弛的肌肉放松训练。病人在治疗者的指导下，从手部开始，循着上肢、肩、头部、颈、胸、臀、下肢、一直到双脚的顺序，对各组肌肉进行先紧张后放松的练习，最后使全身放松。

（2）建立焦虑的等级层次：针对病人对不同情境产生不同程度焦虑的情况，从可以引起最轻微焦虑到能够引起最强烈恐惧，将各种恐惧情境按从低到高的顺序排列。

（3）想象脱敏：让病人在肌肉松弛的情况下，从最低层次开始，想象产生焦虑的情境。如果在想象焦虑情境时，肌肉仍保持松弛，也即没有引起焦虑，就往高一层次的焦虑情境想象。

假如在想象某一层次情境并进行肌肉松弛训练，直到焦虑消失，肌肉放松，然后再进行高一层次的想象。焦虑情境层次的建立要根据具体病人的疾病和症状而定。经过上述三个步骤的治疗，如果病人在最高层次的恐惧情境中能保持放松状态，焦虑情绪就会不再出现，治疗也就获得成功。

3.认知疗法

（1）认知疗法的方法之一就是要找出一个人不现实的、不合理的或非理性的、不合逻辑的思维特点，并帮助他建立较为现实的认知问题的思维方法，来消除各种不良的心理障碍。

（2）真正认知客观事物并非易事，因为客观现实并不一定符合我们的主观愿望和想法，有的时候甚至事与愿违，所以，我们有时会有意无意地片面看待现实。

（3）人的欲望是无止境的，没有欲望也就没有了精神动力，欲望的不满足是绝对的，满足是相对的。问题在于调整自己的欲望时应该从现实出发，从自己本身的条件和环境出发，并要受到各种条件的制约，如果明白了这一点也就会减少欲望不满足时的困扰。患了某种疾病，结合自己的身体条件去做一些力所能及的事，这也是有价值的，不能总是与身体健康时相比而带着失落感去生活、工作。当学会在感情上容忍自己的不完美之处后，要注意与他人交往，参加力所能及的各项活动，从中感受乐趣，看到自我存在的价值，培植自我支持的力量，在与人们交往中改变孤独，从中可以体会到世界上有同情理解自己的人，自己不是孤立无援的。

（4）在日常生活中要善于调整自己的心理平衡。患有某种疾病的人常常若明若暗地带着一种心理压力，再遇上其他难解决的问题时更是忧心忡忡，心理状态很复杂，常带着惋惜、痛苦、悔恨、失望、担忧等心态生活。其实这大可不必，而应该坚强起来。心理素质的提高，对于恢复身体健康的作用不可低估。一个被疾病压倒的人只能正视不幸，即便到了疾病的最严重关头，也应树立一种正确的生死观。每个人都必然要离开这个世界，这是规律，问题是如何珍惜今天的宝贵时间，多做一些有益之事，成为一个强者而不是一个懦夫。

（5）在某些事情发生时，头脑里出现某些想法，称为自动性思维。如果遇到的问题对自己关系比较重大，很可能会产生一些焦虑、紧张、困惑，这时要锻炼识别这些观念及不良情绪是否有道理，识别不正确的自动性思维，要了解其认知的错误之处，然后进行真实性检验，这是纠正不良信念的关键所在。人患了某种病，常出现程度不等的苦闷或焦虑。人之所以产生不安，不是完全由于发生了某种事情，而是因为他们对发生的事情所产生的想法。合理、正确的思维之所以难以建立，其主要原因是没有有意识地去使用它。所以每当对某些事件产生一种想法时，自己要始终用较为客观的立场来审视它，不让非理性的念头在那里自由流动。想一件事情就要集中目标用心去想，而不要似是而非地乱想，把心力集中成为一个明确的、正确的焦点，看清事物的本质，才能自我解脱。

（6）锻炼自己的意志力，要"难行能行，难忍能忍"，遇到困难的事情不放弃，不动摇，坚持到底，不得过且过，不逃避，这是意志力坚强的表现。忍不是消极的，是为了某些成功而作的一种努力。

正确地认知事物是防止产生心理上、身体上病态的一个重要的方面，心理创伤诱发躯体上、心理上的疾病与否，关键是自己能否正确对待它以及能否及时排遣它。

4. 生物反馈疗法

生物反馈疗法是借助电子仪器（如皮肤电反馈仪、肌电图反馈仪、脑电图反馈仪和心电图反馈仪等装置）将人体内各器官、各系统心理过程的许多不能察觉的信息（如肌电）放大并转换成人所能理解的信息，将视、听信号显示出来反馈给病人，训练病人通过对这些信号活动变化的认识和体验，学会有意识地调节和控制自身的心理生理活动，矫正已产生的异常行为，达到"治病"的目的。

生物反馈疗法的运用通常包括两个方面的内容：一是让病人学会减轻各种焦虑和紧张的放松训练，放松的方法一是前面介绍过的对肌肉紧张的放松练习；二是进行对思维活动的放松，使病人快速打破长期紧张的疾病思维模式。当病人学会放松后，再通过生物反馈仪了解并掌握自身内部生理功能改变的信息，进而学会调节控制各种身体功能，解除紧张或焦虑状态，以恢复正常的生理功能。常用的生物反馈疗法包括：肌电图反馈、脑电图反馈、心率与血压反馈、皮肤温度反馈、皮肤电反馈等五种。

生物反馈疗法最主要的特点是它不仅运用了心理学知识，也需要生理学及医学知识，是三者相结合的一个划时代成就。

5. 森田疗法

森田疗法的实施主要包括门诊治疗和住院治疗两种方式。这样分类主要是根据神经质症患者症状的严重程度不同而采用不同的治疗方式，但它们核心的指导思想与"顺其自然"的治疗原理是一致的。

（1）门诊治疗

门诊疗法限于症状轻微的患者。治疗时以言语指导为主，要求患者原原本本地接受内心自然浮现的思想和情感，充分体验其感受，将一切思想、情感都看做是自然心态，全面接受并肯定其存在，不作任何价值判断。病人悟出这些道理后，则要求他逐渐进入现实生活，从当前面临的每件小事做起，学会处理身边事物，摒弃患得患失的观念。凡是自己能干的事绝对不让别人代替，哪怕是微不足道的小事也应高高兴兴地做，干就干好，得到周围人的承认。这对性格内向、自我中心的患者来说是脱离自我关注、转向外向的有效途径。

门诊森田疗法在实施过程中，治疗者需注意以下三方面内容：

①通过详细的体格检查排除严重躯体疾病的可能，在此基础上指明患者的感受是属于功能性的障碍。

②帮助患者学习神经质症的有关知识以及森田疗法的治疗要点，说

明"顺其自然"的生活态度是最重要的，指导患者接受症状而不要试图抵抗和排斥它，带着症状从事日常的工作和学习。

③通过记日记的形式，让患者将自己的治疗体验和每天的思想状况记录下来，治疗者批阅后，针对日记里暴露的问题在下次治疗中进行指导。

（2）住院治疗

对于症状比较严重的病人，采用住院治疗的方式：

森田疗法的住院治疗，在许多方面完全不同于普通住院部。住院前先有个准备过程，先让病人阅读森田疗法小册子，使其对森田疗法有一个了解，消除疑虑，增强治疗信心，以积极态度参加森田疗法。其次，医生要与病人进行一次细谈，使其对病人所患的病有一个本质上的认识，亦可签订合同，使病人更加遵从医嘱，密切配合，坚持全疗程。住院治疗过程分为四个阶段：绝对卧床期、轻工作期、重工作期和生活训练期。下面我们逐一介绍各个阶段的具体实施方法：

①绝对卧床期：一般为 4～7 天，在此时间内，禁止患者会客、谈话、读书、吸烟等，也不进行任何安慰，除吃饭和大小便外，保证绝对卧床。患者在此期间可能产生各种各样的想法，尤其是对自身症状的烦恼和苦闷，会陷入更加痛苦的状态。对此治疗者不采取任何措施，让其默默地忍受。然而，当患者体验到任其痛苦、任其烦闷的时候，继续卧床，会出现逐渐安静的倾向，继而患者还会出现一种无聊的感觉，总想立即起床干点儿什么，这就是无聊期。此后，可进入第二期。

②轻工作期：一般为 3～7 天。此期间内仍不允许患者过多地与别人交谈，禁止外出、看书等，夜里的卧床时间规定为七八个小时，白天可以到室外做些轻微的劳动，晚上开始记日记。并且从第三天开始，可以逐渐放宽工作量的限制，让患者从事各种体力劳动。轻工作期一开始，患者会有一种从无聊中解放出来的愉快情绪，并对周围的环境产生新鲜的感觉。轻工作期目的是使患者解除对症状的关注，对症状的感觉减轻，对劳动或行动越来越感兴趣，渴望得到较多较重的工作。由此可转入治疗的第三期——重工作期。

③重工作期：一般为 3～7 天。在这期间，让患者努力去工作而不

过问其症状，劳动强度、工作量均较上一期有所增加。通过劳动产生对生活的积极态度。

④出院准备期。患者的病情有了较好的转变，患者虽焦虑症状尚存，但能够进行日常生活和工作了。

6. 家庭疗法

家庭治疗包括许多治疗形式，我们在这里只介绍几种常见的治疗形式及具体实施方法。

（1）联合家庭治疗

由治疗者将家庭成员同时召集在一起，参与并指导他们相互交流与沟通，帮助他们建立更健康的家庭关系。在被治疗的家庭中，有一名成员被确认为是主要的问题者。治疗过程包括三个步骤：

①通过填表的形式来收集家庭中所有成员的一般情况。一定要注意全面，要把所有的家庭成员以及与他们有关的所有问题都要列进去，一般情况包括：年龄、性别、主要问题表现及以往病史，家庭近期的生活事件、饮酒及服用药物情况。

②提供舒适、安全的治疗环境。包括治疗室的大小、设备的摆放、光线的适宜程度以及家庭成员对座位的选择。通常就座时治疗者让家庭成员自己找地方、自己选择与谁挨着坐，与谁保持距离。通过选座位可以了解家庭基本的关系情况，同时根据就座时每位成员的表情与细节问题还可以了解家庭内部处理问题的方式。

③治疗者指定双亲中的一人叙述家庭中存在的问题，同时注意观察其他成员对其叙述所产生的不同反应。有的成员可能紧张，有的可能不屑一顾，还有的会反唇相讥，为自己辩护。在叙述的过程中，治疗者要维护好秩序，让每个家庭成员都能充分表达自己的意见，但需要注意的一点是：治疗者应避免介入某一派别，与其他成员相对立，也就是说，要保持一种中立的态度，客观地指导家庭成员讨论问题。

（2）复合家庭治疗

由一位治疗者同时治疗几个家庭。这里所说的家庭是指家庭系统内的一个子系统。例如，在一个大的家庭系统内，依照性别可分为两个子系统；而依照辈分可分为三到四个子系统；依照配偶关系，父母是个子系统，每个子女的夫妻双方各自是一个子系统，等等。复合家庭治疗主要用于解决家庭中的人际关系问题，通过不同的家庭（子系统）相互交流，达到治疗的目的。

治疗的具体方法是：把四至五个家庭召集到一起，说明治疗的目的，让他们相互理解与合作，然后让所有的父亲和母亲分别组合在一起，回答治疗者提出的特定问题。怎样使小组中每个成员很快熟悉各自家庭的基本情况。接下来让各个家庭成员之间相互模仿和学习。学习的主要内容是人际交往的方式。学习过程可以由治疗者录下来，然后再播放给家庭成员们看，向他们解释彼此之间的交往方式，这样有助于帮助病人发现问题，进一步改进、调整自己的人际交往方式。

（3）家庭危机治疗

是一种帮助家庭成员解决其重大打击和困难的治疗技术。家庭的危机主要表现为家庭成员陷于应激状态，应激的发生可能是突然的，如意外死亡；也可能是家庭内部要求适应变化的各种情况，如家庭成员出现了精神分裂症状。家庭成员的适应能力决定着家庭危机的程度，适应能力越差的家庭其危机程度越强。因此，家庭危机治疗一方面需要控制危机的发展，消除刺激因素；另一方面则要努力提高家庭成员适应危机的能力。

家庭危机治疗的具体方法是：治疗者针对目前的危机状况，收集家庭成员的病史，进而了解家庭当前存在的问题以及导致当前"症状"的根源。在确定家庭问题和危机的性质时，治疗者应把所有的家庭成员召集到一起进行会谈而不是单独会见每个成员。通过这样的会谈，使每位成员感受到支持与鼓励，减少紧张，降低他们的危机感。当家庭危机得到基本控制和缓解后，治疗者还要预防危机的再现，并指导家庭成员一旦发生危机时，学会如何自己应付这种场面。

（4）行为家庭治疗

动用行为矫治的方法，去改善家庭成员的异常行为，以及家庭成员之间不良的人际交往方式。行为家庭治疗的实质是运用操作性条件反射的原理来改变家庭成员的行为问题。治疗者在对家庭问题进行分析的基础上，确定哪种行为问题应该消除或减少，哪种行为应强化和增加。治疗者应引导家庭成员彼此对他们所期望的行为进行强化。例如：对一个厌学儿童只要能坚持上课一天，可从父母那里获得一定的物质奖励；对很少做家务的丈夫，偶然有一次帮助妻子做饭的行为，可从妻子及子女那儿获得表扬；等等。

　　行为家庭治疗可用于矫正各种家庭行为问题，主要包括：儿童的各种行为问题（多动症、发脾气、不听话等）；家庭成员交流问题；家庭成员的适应不良问题（如厌食症、贪食症、见人恐惧症、社交恐惧症等）；由不正确的观念导致的行为适应不良问题。

四　灾难过后的心理救援

感动中国　汶川地震中感人事迹——可乐男孩

2008 年 5 月 15 日晚 7 时许，压在薛枭身上的预制板终于被移开，薛枭被拉出了废墟。抬上担架后，薛枭没有忘记那个约定，他说："叔叔，我要喝可乐，要冰冻的。"一听这话，抬担架的消防人员乐了。薛枭不知道外面正有电视直播，而他的这句话通过镜头，传遍了被悲伤笼罩的整个中国。

何为心理救援

重大的自然灾害和人为灾害的危害巨大，会给人们的心理造成不同程度的伤害，灾难中当事人在遭受亲人和财产重大损失时，更会加剧心理伤害的程度，灾害中的受害者，尤其是未成年人会长时间无法从失去亲人、家园被毁、灾难的巨大冲击中恢复，心理上承受着巨大的折磨。灾难带来的情绪如果不能及时处理，人的社会功能就会受到损害，恶劣的情绪还会向周围传播，导致人的环境恶化，出现诸多的社会问题，因此灾难后的心理救援就显得十分重要和必要！

100 多年前，德国的精神科医生提出了"创伤后应激障碍"（PTSD）的概念。创伤后应激障碍，指对创伤等严重应激因素的一种异常精神反应。以前 PTSD 主要发生于男性身上，主要是经历战争的士兵，所以称此为"炮壳震惊"，而研究发现女性的发病几率是男性的 6 倍。据相关资料显示，美国有 5%～6% 的男性和 10%～14% 的女性在其一生的某一阶段患过创伤后应激障碍。引起创伤后应激障碍的事件包括遭遇到危及生命的事故和灾难，以及在刑事案件中遭受伤害当事人、目击暴力伤害或他人非自然死亡的人；亲身经历自己所爱之人在可怕事件中受害或遇难的人，包括救灾人员。

灾难心理救援是用成熟的、科学方法引导、帮助未成年人、成人及其家庭克服灾难和恐怖事件以及暴力事件等所引起的心理恐慌。目的在于减轻灾难事件给当事人所带来的痛苦，争取帮助当事人走出心理阴影，重新融入社会。

灾难后心理救援设立的目的不在于对灾难事件中的当事人进行疾病治疗，也不是说当事人患有严重的心理健康疾病，而是针对灾难事件对当事人的心理冲击，帮助当事人在短期内或长期内排解掉灾难事件对当事人的心理冲击及负面影响，这个过程是施加心理救援人员与灾难事件当事人之间的互动过程，不是简单的施治与被救治的关系。

心理救援适用于哪些对象

心理救援适用于经历了灾难和恐怖事件、暴力事件等的所有在事件中遭受心理伤害的当事人，包括未成年人及其监护人以及灾难后的救援人员。

心理救援的时间

心理救援应该是越及时越好，在灾害和恐怖事件发生后马上开始或者等条件允许后马上开始为宜。

心理救援的基本目标

通过积极的心理辅导，稳定灾难中受害者的心理，使其相信他人，相信社会。

迅速建立灾难受害者的安全环境，让受害者在身体及心理上都感到安全。

安定和引导情绪复杂和困惑的生存者。

帮助生还者阐明特别的需求和顾虑，加强信息沟通。

提供信息和实践帮助，解决生还者的燃眉之急。

建立灾后社会联系网络，包括生还者的家庭成员、朋友、邻居和社区等扶助资源。

协助生还者身心康复，并且让他们在恢复的过程中起到自主的引导作用。

提供信息，帮助生还者有效克服心理障碍。

明确每一个人的职责，当需要的时候把生还者转移到其他灾害回应小组和当地康复机构、心理健康服务机构等。

灾难对人的影响

1. 灾难会带来实质性的创伤和精神障碍。

2. 绝大多数的痛苦在灾后一两年内消失，人们能够自我调整。

3. 由灾难引起的慢性精神障碍非常少见。

4. 有些灾难的整体影响可能是正面的，因为它可能会增加社会的凝聚力。

5. 灾难扰乱了组织、家庭以及个体生活。

自然灾害会引起压力、焦虑、压抑以及其他情绪和知觉问题。影响的时间以及为什么有些人不能尽快适应仍然是未知数。在洪水、龙卷风、飓风以及其他自然灾害过后，受害者表现出恶念、焦虑、压抑和其他情绪性问题，如持续的、不必要的、无法控制的无关事件的念头，强烈的避免提及事件的愿望，睡眠障碍，社会退缩以及强烈警觉的焦虑障碍，这些问题可持续一年。

灾难对个体产生的心理影响大致可分为四个方面：

（1）生理方面：失眠、做噩梦、易醒、容易疲倦、呼吸困难、窒息感、发抖、容易出汗、消化不良、口干等。

（2）认知方面：否认、自责、罪恶感、自怜、不幸感、无能为力感、敌意、不信任他人等。

（3）情绪方面：悲观、愤怒、紧张、失落、麻木、害怕、恐惧、焦虑、沮丧等。

（4）行为方面：注意力不集中、逃避、打架、骂人、喜欢独处、常想起受灾情形、过度依赖他人等。

灾后紧急心理救援知识

对于那些突然发生、无法预料、不可控制，对财产、人的生命安全、心理安全以及肢体的完整性构成威胁并且产生强烈恐惧、无助、超出个体或整个社会应对能力的、大规模的天灾和人祸，称做为灾难事件。地震、海啸和洪水是常见的自然灾难，自然灾难对人的生活环境和财产的破坏力极其强大，更为值得关注的是在灾难中，幸存者不得不面对灾难带给身体和心灵靠自身能力无法抵御的极大创伤和危机。

特大地震不仅仅给幸存者带来了生存环境的毁坏、带来了许多身体创伤性疾病、会暴发大规模的传染性疾病，而且灾难和灾难所导致的房屋被毁、财产毁失、亲人死亡等对于灾难幸存者来说是一个非常大的、无法承受的社会心理应激源。在如此大的应激源面前，绝大多数幸存者会出现情绪麻木、无助、绝望、抑郁、内疚、变得胆小害怕、恐惧、睡不踏实或整夜不眠等痛苦的体验以及出现急性应激障碍、创伤后应激障碍、抑郁症、酒和药物依赖、自杀或诱发其他严重的精神疾病等严重的精神卫生问题。

就像地震对幸存者身体、财产、生存环境的破坏需要外部力量和资源救援一样，幸存者遭受巨大心灵的创伤也同样需要社会的、专业的援助和干预才能渡过危机，走向新的希望，才能重建心灵和生活的家园。对灾难幸存者在灾难后早期进行心理援助可以减轻他们恐惧、麻木、惊跳、回避等急性应激反应的程度，帮助他们提高应对灾难后各种内外应激的能力，对那些反应比较严重的幸存者进行早期的心理干预，能够阻止或减轻远期心理伤害和心理障碍的发生率，对已经出现远期严重心理障碍的受害者进行心理治疗，可以减轻他们的痛苦水平、帮助他们适应社会和工作环境、提高他们的社会功能和生活质量。所以，灾难发生后，有组织、有计划地为幸存者提供心理援助和心理干预是非常有必要和有意义的救援策略之一。

（一）地震后幸存者的心理反应

通常在地震灾难发生后，我们把幸存者的心理反应大致分成"恐慌震惊""短期反应"和"长期反应"三个心理应激反应阶段。幸存者的这些心理反应包括了因强烈的恐惧感、无助感和自己身体受伤、亲人丧失而出现的情绪、思维、行为等一系列应激反应。虽然各个反应阶段持续的时间对每个幸存者来说并不固定，但总的来说，这是个逐渐发展的顺序过程。在这个过程中，幸存者最开始常表现为对地震的强烈恐惧，特别是对再次发生地震的恐惧，他们的警觉性过分增高，周围环境的任何声音都会诱发幸存者似乎又一次身临地震情景的感受，表现为心慌、肢体发软、盲目地奔跑、跳楼等行为。同时幸存者出现强烈的无助感、怀疑、困惑、麻木、注意力不集中以及以否认眼前所发生的事实作为主要的心理防御手段，地震后早期幸存者的拒绝否认事实、警觉性增高的心理防御反应是正常的，是幸存者调动自身的防御和应对能力进行心理自救的表现，但是如果这个防御应对反应过于强烈，持续时间超过一个月或更长时间的话，这种强烈的焦虑和恐惧最终将表现出不同程度的抑郁和悲伤、特别是地震中失去亲人带来的痛苦，对未来、对生命也失去了继续的信心，很多时候会出现频繁的自杀意念，同时会出现持续的生理反应（如心率加快和血压升高），持续的睡眠障碍、噩梦不断、经常在梦中惊醒、惊叫等心理病理反应。

如果在地震灾难发生后出现继发的或后续的应激事件，如不间断的高强度余震、幸存者不能及时住在避难所中、后续物质和生活援助不能及时到位、紧急心理救援策略没有实施等，这些后续的应激源有可能加剧幸存者的心理病理应激反应以至出现各种严重的精神病理症状。它们包括各种不同程度的抑郁、焦虑、自杀，以及急性应激障碍（ASD）、创伤后应激障碍（PTSD），许多受害者还会出现了酒精和药物依赖以及人格障碍。

所以地震后早期的紧急物资救援、紧急躯体医疗救援和紧急心理救援，可以尽可能地使后续的应激减小到最低，从而在可控制因素上减轻幸存者急性和慢性心理病理应激反应程度，降低远期严重精神障碍的发生率。

（二）地震后早期紧急心理救援

地震发生后，最初的几天到几十天之间的灾难紧急救援是以物资救援和躯体医疗救援为主，主要的救援任务和目的是把埋在倒塌废墟中还活着的人救出来，让这些幸存者到达安全的避难所，并提供充足的食物、水、保暖和药物、医疗救治，让他们尽可能地存活下来。

很多情况下对地震幸存者进行的援助计划的时限比我们通常所预期

【自强复不息】——面对灾难

的时间要长，这和灾区当地的地形、地理条件、地震破坏的严重程度、气候条件、国家经济条件有关系。当救援指挥机构意识到有相当比例的幸存者由于各种原因陷入食不果腹、衣不遮体、无家可归的困境时，救援的主要内容就应当是帮助他们建立和寻找避难所，为他们提供真实的救援进展信息，这样可以减低幸存者对灾难的恐惧和对生存的恐惧感。

　　紧急心理救援也应该在这个阶段实施，这个阶段的紧急心理救援主要分两个部分进行：一部分是靠在地震现场进行紧急现场救援的人员，在进行生命救援过程中把紧急心理救援的元素体现出来。比如救援人员的内心镇定、情绪平稳、有爱心、有礼貌，尽量让被控制在废墟中的幸存者知道和了解救援的情况和进展，救援人员在和幸存者躯体接触的时候要让幸存者感觉到温暖、感觉到安全、感觉到有希望等，把心理救援在最早期送达幸存者。

　　另一部分紧急心理救援是在避难所中进行，实施的人员包括志愿者、医生和社会工作者、心理工作者、精神卫生工作人员等。这一部分的紧急心理救援的任务和目的是保证幸存者的安全、保证存活、提供各种支持。包括评估和设法满足幸存者的需要，方式主要以敏感的非语言陪伴为主，可以抚摸、倾听，提供和满足幸存者的生理和心理需要，要给幸存者一个自己调动自己内心修复能力的机会，而不要过多和幸存者交谈。可以安排幸存者和他的亲人在一起，为幸存者提供救援信息、提供亲人的信息、帮助他们和外界的亲人朋友联络。

　　这一阶段药物不是缓解心理痛苦的首要办法，紧急救援人员要在救援行动中把生存的希望、信心、安全感传递给幸存者，让他们知道全国人民、全世界人民都在关注他们的生命安全，他们不是孤立无助的、一切都是有希望的，而且重新生活的希望正在许多人的帮助下一步一步地走来。

　　现场紧急救援人员要在地震没有发生时候进行培训和演练，或在进入救援现场前进行有目的、有组织的系统培训，才能保证紧急心理救援的有效性。

　　（三）地震后急性期的心理干预

　　地震后急性期的心理干预是指在紧急心理救援之后，幸存者到达避难所，基本生命生存有所保障以后，大约会持续几个月或数个月的心理干预。这个时期幸存者的主要问题是处于心理危机状态，地震这一极大的灾难给他们的心灵带来了前所未有过的重大创伤，他们的信念、情绪和行为都会发生巨大的改变，而且许多心理病理性的变化也逐渐表现出来。

这一阶段的心理干预的任务和目的是减轻幸存者心理危机的程度，评估幸存者的心理状态、识别和鉴别那些需要进一步专业心理干预的幸存者，帮助幸存者处理居丧反应，帮助幸存者配合政府的紧急救援时期的部署，逐步恢复幸存者的生存能力，帮助幸存者适应新的灾后环境和生活。

这个阶段幸存者常表现出来的心理反应为创伤性记忆在头脑中的不断闪回。有关地震当时情景的场面、声音、气味、内心的感受、躯体的感受等的记忆画面和感受常常会在幸存者的脑子里一遍又一遍地闯入浮现、挥之不去、驱之不尽，非常的痛苦。慢慢地，幸存者逐渐丧失了对焦虑和痛苦的感知，精神变得麻木，行为变得退缩，不愿意与别人交往，对未来失去了希望等。

这一阶段的心理干预工作可以在避难所、幸存者家里、幸存者的聚集地由社会工作者和心理卫生工作者进行。心理干预的形式可以是一对一的会谈、小组会谈、远程电话或网络视频的会谈等。让幸存者能够在一个安全的环境中身心得到疗养，尽快从灾难带来的创伤性记忆、空想、恐惧和悲痛中解脱出来。

心理干预的要点主要是鼓励幸存者谈出他们对灾难的感受、想法，帮助他们正确表达、理解灾难所带来的应激反应、睡眠障碍以及思维困难和悲伤反应。对他们的家庭和重要人际交往进行支持和鼓励，可以阻止幸存者在以后发生进一步的社会功能减退。比如针对学生、家长、教师，及学校管理人员进行的学校教育和心理干预计划，通过学校和孩子将更多的人联系在一起，提供更多的机会使他们成为一个有机的核心互助群体。对他们开展非常有效的精神障碍预防和应对措施方面的健康宣教。强化和鼓励督促他们向别人互相倾诉、帮助他们寻找和利用各种社会资源、寻求心理上的安慰和支持，正常化幸存者在灾难后出现各种心理、躯体和行为反应，帮助他们尽快回到稳定平和的状态和保持良好的社会功能。

既往患有精神疾病的幸存者和那些在地震中失去了家园、亲人而变得无家可归的人们，会在漫长的等待政府重建计划中逐渐变得消沉、抑郁、绝望。通常在这些人中出现可明确诊断的病理症状的可能性明显增高，需引起提供心理干预的专业人员的重视。所以，在提供心理干预的过程中非常重要的一点是专业心理干预人员要不断评估幸存者的心理和精神状态，评估他们的心理压力和心理病理反应程度、评估幸存者的自杀危险性和危险因素，及时识别那些出现严重心理病理反应和有严重自杀意念及行为的幸存者，及时转诊他们到更高一级别精神卫生和心理救援机构，进行更加专业的心理帮助和药物治疗。

在具体的心理干预实施中，心理干预人员要考虑到幸存者的年龄、性别、文化背景的差异，这些差异会导致在不同文化背景、不同传统、不同信仰地区的儿童、成人和老人的地震后的心理反应有所不同，因此要成功地进行灾后心理干预，所采取的措施也应各不相同。

（四）帮助幸存者如何面对丧失

强烈地震对大多数人而言无疑是个梦魇，许多人在几分钟之内就不得不面临完全不一样的人生，家园的残破、躯体完整性的破坏、亲友的死去……在这样巨大的心灵伤痛经验中，除了救援对幸存者现实生活和生存环境的安顿之外，地震后心理干预的一个非常重要的任务，就是帮助那些遭受了巨大财产和亲人丧失的幸存者调适和修复亲人丧失带来的心理创伤，这是一个不可忽视的问题。因为，在重大地震灾难后，幸存者往往需要面对漫长的丧失带来的痛苦，如何帮助幸存者以较健康的态度和应对方式来渡过这段内心的艰难旅程，是心理救援专业人员所要做的重大工作。

地震后幸存者面对丧失有人会晕倒，有人出乎异常的冷静，有人涕泪纵横，若没有歇斯底里的表现也不表示幸存者不在乎，若是哭泣也不表示幸存者是个弱者。其实在这样沉重的心理打击下，流泪和哭泣是很好的应对方法，心理干预工作者要帮助和鼓励幸存者来充分表达内心的悲伤和痛苦。

地震后幸存者面对亲人丧失的悲伤反应是一个过程。首先幸存者会表现出极度的震惊与麻木，他们对眼前的现实非常的茫然和难以接受，竭力从思想和情绪上否认现实，努力堵住痛苦感受的流露。特别是在受到心灵打击后的几小时或几天内，幸存者们不愿意去感觉和承认眼前的世界已经完全不同了。接下来，幸存者会表现出回避社会交往、退缩孤独不与别人接触，他们独自渴望解释灾难的发生并追根究底，不断地自我提问"为什么灾难会发生在我身上？"，"这是不可能的事情"，"如果如何如何就不会这样了"等，借由否认和怀疑的想法企图不承认现实或获得对内心痛苦的控制。随后，幸存者会逐渐醒悟，并感觉到自责和愤怒，幻想所经历的事件有所不同的期望逐渐破灭，愤怒、绝望、自责、沮丧等悲伤情绪起伏心中，痛苦万分。最后，随着时间的流逝，幸存者在自助和别人帮助下逐渐开始接受亲人丧失离去的现实，把他们所经历的悲伤和痛苦整合进了新的生活，逐渐适应了灾难后的生活并开创出新的生活内容。

地震灾难后丧失亲人的悲伤哀悼是个过程，这个过程可能需要几个月甚至数年的时间。心理干预可以帮助幸存者顺利渡过悲伤的哀悼过程，幸存者从生命的危机过程中获得重新生活的经验，丰富自己的人生经验，重新建立心灵的家园。如果幸存者在这个过程中受到各种因素的影响，不能得到心理干预的帮助，就有可能停留在悲伤的中间过程而长期经历内心的恐惧、自责和痛苦，使自己的社会功能和生活质量受损。

在地震后的心理救援中，心理干预工作者要让幸存者了解悲伤哀悼的正常过程将有助于处理幸存者的悲伤反应。教会幸存者健康积极的应对态度，告诉并鼓励他们可以借由哭泣与表达来走出阴影，告诉他们悲伤反应是正常的、必需的、重要的、真实的反应，需要我们疼惜和接受我们自己的情绪反应，难过与哭泣是自然的反应，流泪有助于哀伤的释放，只有勇敢地面对和经历这些痛苦我们才能走向心理康复的过程。鼓励幸存者积极面对并公开表达出他们的悲伤或痛苦，鼓励他们勇敢表达出对整个事件经历的描述，表达出对死亡者的各种感觉。而压抑悲伤的后果是我们无法与自身的痛苦接触，导致那些冰冻的悲伤情绪阻塞我们心理能量的自然流动。就像乌云满布的天空需要打雷和下雨才能雨过天晴一样，幸存者经历丧失以后的心灵中的阴霾需要眼泪的洗涤和发泄才能净化，而回避和压抑只会延缓心灵悲伤的修复。如果悲伤的自然历程被阻断则会有以下的心理表现值得注意：强迫性思念死去的亲人、死者情景不断地闯入性地闪回、希望和死者有关的一切都维持不变、灾难后幸存的严重罪恶感。这些幸存者需要进一步的心理治疗和干预。

在地震后处理丧失的心理干预工作中还有一个非常重要的工作，就是帮助幸存者到停尸间、尸体公共掩埋或火化地（遇难者遗体可能会被集中焚毁以预防传染病的流行）、举行和死去亲人告别、悼念、纪念的仪式和活动。这个工作既要配合灾难救援统一指挥的部署，在进行心理干预时，加强与各方面的人士进行合作，又要充分地让幸存者对死去的亲人进行完全彻底的哀悼，以便使幸存者能够顺利地走出悲伤哀悼的过程。

（五）对地震救援者的心理干预

参与地震后救援工作的工作人员包括军队、警察、消防队员、救护车司机、志愿者以及精神卫生专业人员、心理学专业人员、救灾工作的各级指挥者等所有参与灾难后紧急救援的人员。他们的工作性质决定了他们会最大限度地耳闻目睹各种最悲惨的场面。因此，即使他们作好了充分的思想准备，但如此性质的日常工作，也会使他们感受各种痛苦体验。当这种痛苦的体验在救助成千上万的灾民过程中重复出现后，对实施救助的专业人员的身心打击将是巨大的。没有人能对这种巨大的灾难体验所带来心理上的破坏性影响有充分的准备或对这种冲击有天然的免疫力。

此外，我们还应当理解为什么许多救援人员在工作中能无私奉献，甚至极度疲惫也不愿意离开他们的工作，哪怕是短暂的休息。这一现象在历次灾难救援中都会看到，当救援队员接到要求他们停止工作休息的命令时，他们却表现出了愤怒。这说明在重大的灾难现场，救援人员的心灵会受到严重的创伤。为了能够提高救援的效率，为了防止救援人员"耗竭综合征"的发生，为了让救援人员的心灵创伤降到最低，为救援人员提供专业的心理干预是必要的、有重大意义的。

对地震救援人员进行心理干预的基本内容包括：清晰的任务分配和

报告、紧急事件识别，帮助他们从全局的角度审视面临的局势，实行轮班制补充工作人员体力及增强他们的技能。心理干预形式可以是小组会谈，具体心理干预的程序和内容为：

向救援人员介绍正式的，有时间进度表的、有计划的小组会谈内容。

让救援成员充分表达他们在救援工作中的感受，并给予认真的倾听。

鼓励救援队员就他们的想法、情绪感受、生理反应进行互相交流和陈述。

解释、承认、理解和正常化救援人员所出现的各种生理和心理反应。

正常化他们的情感反应，减少个体感觉和情感上的独特性，用认知和教育的方式甄别出救援人员应对各种反应的方法并加以评估。

识别出生理和心理反应过分强烈的救援人员，提供进一步的心理干预。必要时，让有关救援人员停止工作，并对其实施进一步的心理干预和休息。

（六）媒体是心理救援的重要部分

在各种灾难救援活动中，媒体所起的作用无法估量，媒体利用它信息传播高效率、覆盖面积大的作用在灾难救援中能够起到很多正面的、积极的安抚作用，能极大地降低人们的恐惧和焦虑情绪。

媒体在地震灾难心理救援中很重要的一个作用就是提供灾难破坏信息和救援进展信息，具体内容包括：提供准确的死亡者和幸存者的数字和名单，提供避难所和支持中心的信息、提供幸存者家人的信息，并帮助与家人联系、提供救援进展情况的信息。研究和事实都证明，在地震后准确、及时的信息提供可以大大降低幸存者和人们的恐惧感和焦虑感，只有真实的信息走在谣言的前面，才能够让社会恐惧降到最低，才能有利于救援的效率。

另外一个非常重要的问题就是各种媒体要提供正面的、积极的信息，媒体不能成为后续的应激源。很多时候，媒体是把双刃剑，不成熟的媒体往往都有一个最原始、最低级的动机，就是提供惨烈地震人心魄的图片，或者是夸大灾难事件的恐怖性、可怕性和影响性，以达到抓取读者的目的。殊不知，这种报道会给当事人和未经历灾难、关注灾难幸存者的人造成一个新的应激源。典型的媒体报道失败的例子就是美国"9·11"

灾难后，世界各大媒体滚动回放播出灾难发生时的恐怖情景，这样做的后果就是使幸存者和当事人对灾难情景不断地重复体验，构成新一轮来自媒体不恰当报道的、新的心理创伤性应激和不良暗示。

在灾难心理救援过程中，所有使用的策略和手段都不能违背一个原则，那就是不能对幸存者、其他人和社会构成进一步的伤害和创伤。媒体也应当尽量发表对一个群体有建设性、积极的、增强信心的内容。同一个灾难新闻特写图片，拍一个残肢断臂和拍一个救援人员与受害者的手紧握、拥抱的画面，对幸存者和人们的感觉是完全不一样的。前者是可怕的、无助的、绝望的；后者是温暖的、有信心的、充满希望的。正确利用媒体的力量，提供积极、有利于增强幸存者生活希望和信心的信息，是在心理救援中是不可缺少的内容，而且对于幸存者可以起到非常有效的心理干预作用。

最后一点，地震等灾难救援是大规模的应急任务，需要调动全社会的人力、物力和财力来对灾区进行救援。这就决定了灾难救援只能是有组织、有计划，甚至会动用军队、警察等国家部门，由政府统一指挥行动的政府、国家行为，只有这样才能够高效率、高速度进行救援，使生命的损失、人民和国家的财产损失降到最低。民间机构和个人的救援行为要纳入到国家政府的统一救援行动计划中，统一指挥系统中才能发挥真正的救援效率。而灾难后的紧急心理救援属于精神卫生和心理健康工作者和机构的专业救援行为，只有把心理救援策略纳入到国家灾难救援策略当中，和灾难的物质救援、躯体医疗救援策略一起部署，在救援指挥部的指挥下有计划、有步骤地统一行动才能够最大限度地、充分有效地发挥精神卫生和心理学工作者及其机构的心理救援作用。

心理救助交谈技巧

心理专家称，未掌握心理辅导技巧的志愿者很可能越劝越糟，有些话绝对不应对灾民说。

1. 要说什么？

这不是你的错。

对于你所经历的痛苦和危险，我感到很难过。

你现在安全了（如果这个人确实是安全的）。

你的反应是遇到不寻常的事件时的正常反应。

你有这样的感觉是很正常的，每个有类似经历的人都可能会有的这样的反应。

看到这些一定很令人痛苦。

你现在的反应是正常的，你不会发疯。

事情可能不会一直是这样的，它会好起来的，而你也会好起来的。

你现在不应该去克制自己的情感，哭泣、愤怒、憎恨、想报复等都可以，你要表达出来。

2. 不要说什么？

你能活下来就是幸运的了。

你能抢出些东西算是幸运的了。

我知道你的感觉是什么。

你是幸运的，你还有别的孩子、亲属等等。

你还年轻，还能再有一个孩子、还能再找一个伴侣。

你爱的人在死的时候并没有受太多痛苦。

她（他）现在去了一个更好的地方（更快乐了）。

在悲剧之外会有好事发生的。

你会走出来的。

不会有事的，所有的事都不会有问题的。

你不应该有这种感觉。

时间会治疗一切的创伤。

你的生活还要继续下去。

心理救援三阶段

当事人的痛苦一般会经历几个阶段：失去亲人悲痛；从丧失亲人的不幸中体验到痛苦；接受丧失亲人的现实；适应没有心爱的人存在的生活。专业的心理从业人员，应该构建整体心理援助，分清灾难不同阶段的工作重点。心理救援主要有三种：

1. 早期工作重点应放在稳定当事人的情绪，使他们重新获得危机前的情绪平衡。

2. 在当事人情绪稳定后，咨询师应该帮助他认识到存在于自己心中的过度冲动和自我否定成分，重获冷静思考和自我肯定，从而实现对生活危机的控制。

3. 辅助当事人完成心理、社会转变，将个体内部适当的应对方式与社会支持、环境资源充分地结合起来，使当事人对问题解决的方式有更多的选择机会。因此，帮助受灾人群完成心理自助团体的搭建和异地长期指导跟踪非常必要。

需要注意的是，咨询师要根据当事人的情况和阶段对不同的模式进行选择与实施，在实施过程中，咨询师要注意对自己的保护：留意自己的身心反应，避免引发个人的哀伤；知道自己的限制，在保障自己精力充沛和健康的前提下才可能帮助更多的人；主动寻求督导的支持，除了用自己的个体力量外，要思考如何借用外力和挖掘可利用的心理资源。

切忌做的事情：对灾害所造成的创伤及随后出现的愤怒、抑郁、自责、焦虑和恐惧理解不足；在没有建立稳定关系的情况下，急于修通创伤记忆；关注事件多过关注经历事件的人本身。

摆脱恐惧五步骤

儿童经过强烈地震或灾难之后，心灵上会留下恐惧，而且大人在不经意中表现出的不安、沮丧和不当情绪，更会增强孩子的创伤和惧怕。因此，儿童地震后的心理辅导则应把握时机，刻不容缓。

1. 澄清恐惧情结

如果一味想逃避或隐讳不说，就不能浮出意识表层，不把它看清楚，那会使孩子更害怕。

佛教有一则寓言故事说：有一只兔子在睡梦中，被树上掉落的果子惊醒，大喊着"灾难来了！大灾难来了！世界末日到了！"森林的动物在一片惊恐声中都在奔跑，不断地传开来，结果所有的动物都在惊恐逃难。这时，一位智者来到森林，逐一追问他们从哪里听来"世界末日到了！"终于追问到兔子。智者问："你怎么知道大灾难，世界末日到了？"

"我在睡觉时，听到'砰'的一声，我非常害怕，以为世界末日到了。"

"你能带我去看看吗？"于是兔子带领智者去看个究竟。结果却发现原来是树上掉落一个果子。于是，平复了一场恐惧的逃难。

强烈的惧怕总是掺杂着消极和不安的臆测。如果能在大地震之后，带领儿童发现惧怕，认清现实，就能使理性发挥功能，而不会陷入无谓的焦虑或情绪异常的后遗症。

2. 和孩子讲述地震

（1）用平静的口语，简单介绍这次大地震的状况、造成的损害和伤亡。并举一个温馨、机智、救人的故事当对比。

（2）引发儿童说出心中的惧怕。"宝贝！你在大地震时看到、听到、感受到什么？最害怕的是什么？"大人可以简短说一下自己惊慌失措、害怕的情形和余悸，引导孩子一起说出来害怕什么。

（3）和孩子讨论他的害怕是否合理，是否符合现实，对于合理惧怕的事项，应讨论如何克服它，如何预防它。

（4）带领孩子做一个行动方案：如何做好预防措施，或帮助家人重建家园的要点。

这样的讲述和澄清，可以引导孩子缓解惧怕的心结，它的要领是从发觉到宣泄；从讨论惧怕事件中认清哪些值得担心，哪些不是；并启发解决问题的思考，采取预防和安全措施，从而把惧怕转移到理性的积极行动上。

类似的过程，也可用在讨论"如何赈灾""如何帮助受灾家庭的儿童"等等。从引发酝酿气氛，到热心的讨论，找出方法和实践行动，能激发儿童的爱心和生命的活力，让心理得到健康。

3. 嘲笑自己的惧怕

心理学家告诉我们，受到强烈惧怕压力时，可以透过嘲笑自己的害怕来解开心结，例如："啊！我怕得两脚发软，笑了起来，连胆也被震碎了！"然后哈哈大笑，"当时我怕得魂不守舍，差点把尿都急出来了！"然后哈哈大笑。成人带领儿童自嘲情绪，比比看谁自嘲得最有趣。大家轮流对自己担忧的事自嘲，有助于孩子澄清惧怕。做这个行动前，要先说明："每一个人都会惧怕，怕是自然的事，正因为有怕，我们才会预防危险，会去思考解决问题。我们把心中的怕说出来，对于不合理的部分，由本人加以嘲笑，可以带来更理性的态度和心理健康。不过，我们绝不嘲笑别人的惧怕。"最后，作个结论，说明自嘲是无伤大雅的事，而且有助于情绪舒解和压力的清除。但要特别强调：

（1）不可互相嘲笑，只可以自我嘲笑。

（2）维持不伤害自尊的气氛，让自己不合理的惧怕情绪宣泄。

（3）作结论时，要说明惧怕的非合理性和自我嘲笑的价值。

4.生命的关怀

让他们表露情感，透过写信和口头的祷词，让孩子们舒解情绪。让孩子给遇难者祈祷或写一封给亡者的信，诚心地祝福罹难者，并说出自己会珍重自爱，创造光明的人生。怀念往事的美好，并说出往事已成过去，自己会更努力向上，做个好孩子，并珍惜生命。

与受灾的孩子谈话时要注意：

（1）适时自然的情境，给孩子信心和安全感。

（2）聆听、接纳、同情、支持、了解孩子的困境。

（3）引导孩子找出克服困难的方法，完成行动计划。

5.防震教育

地震随时可能来袭，如果大地震受创的孩子心理上的压力没有得到有效的缓解，在防震演练时，会造成严重情绪反应。防震教育的实施，应属于父母及家庭。父母在地震时惊慌抱着孩子，张皇失措的表情，会给孩子带来更大的惧怕。父母亲在地震时要控制情绪，这与如何防震一样重要。

五　灾后的情绪救助

感动中国　汶川地震中感人事迹——孩子活了，他走了

正沉浸在美好享受中的师生忽然感觉到地动山摇，教室里一下子混乱了。这个平时默默无闻的老师，这个传递着知识和爱的老师，这个传道授业解惑的老师，这个堂堂正正质朴平凡的老师，张开两臂，让四个学生钻进讲台下狭窄的空间。我想，他一定还在声嘶力竭地指挥着其他孩子，他唯独不会想到自己。就这样，当倾倒的楼板重重砸在他身上的时候，他的两臂坚定有力地支撑着最大空间的可能性，支撑着死神的角力，保护着四个惊慌失措的年轻的生命。

他走了，四个孩子活了下来。他带着最后的爱走了，还没来得及说一声再见。他用自己的生命为孩子上了最后一课，告诉他们，什么是人，什么是人性。他也为我们上了生动的一课，告诉我们，当灾难来临的时候，我们应该站在哪里。还有一位老师，用两臂死死抱住学生，保护着他们。由于他两臂抓得太紧，营救人员被迫将它锯掉。他最爱唱的一句歌词是：用我断裂的翅膀，来换取你的飞翔。还有很多……

灾难后的心理反应

灾后心理反应分为急性心理应激反应和创伤后延迟性应激反应。

急性心理应激反应出现在灾后一周至一月内。病人表现出意识改变，对时间、空间感知歪曲，对环境定性不清楚。与地震有关的声音、气味、图像，甚至是身体触碰，都会让创伤的情景反复在病人脑海里闪现，一闭上眼就会看到最恐惧最悲伤的画面。

创伤后延迟性应激反应一般出现在 6 个月后，患者易疲倦、发抖或抽筋、晚上容易失眠、做噩梦，从而导致精神疲乏，注意力下降。对于地震的悲痛回忆，患者警觉性增高，由此患上慢性恐惧和焦虑，继而冷漠、消极，生活在痛苦的记忆中。

患者还会产生愤怒感，觉得上天怎么可以对自己这么不公平；救灾的动作怎么那么慢；别人根本不知道自己的需要，不理解自己的痛苦。内疚，恨自己没有能力救出家人，希望死的人是自己而不是亲人；因为比别人幸运而感觉罪恶，感到自己做错了什么，或者没有做应该做的事情来避免亲人的死亡。很多患者因此会用酗酒、滥用药物来麻醉自己，社交能力逐步削弱，增加精神疾病易感性。

那些受灾者的心声

1. 我感到恐惧和担心……

我很担心地震会再次发生。

我害怕亲人会受到伤害，如果只剩下我自己一个人怎么办？

我觉得自己要崩溃了，我无法控制自己。

我无法应对所发生的一切。

2. 我觉得自己茫然无助……

在灾难面前，人是多么脆弱，简直不堪一击。

将来该怎么办，以后的日子还怎么过啊？

这就是世界末日吧，我什么都没有了。

人太渺小了，面对灾难根本无能为力。

3. 我感到悲伤……

听到亲人、朋友或其他人伤亡的消息，我非常难过，非常伤心。

我无法忍住不哭。

有时候，我甚至都麻木了，外面发生了什么都已经不再重要，我不想知道。

4. 我非常内疚……

我帮不了别人……我明明应该帮得上的，却最终什么忙也没有帮上。

我比别人幸运，我活下来了。可是我高兴不起来，我觉得我做错了什么，我不应该比别人幸运。

我恨自己，恨自己没有能力救出家人。我希望死的人是自己，而不是亲人。

我还没有好好照顾他们，好好爱他们，他们就走了。

5. 我很生气……

上天怎么对我这么不公平，为什么这些事情会发生在我和我的家人身上？

救灾人员的动作怎么那么慢，他们快一点就不会这样了。

别人根本不知道我的需要，不了解我的痛苦。

科技这么发达了，为什么还不能预报地震？

6. 我会不自觉地就回忆起过去几天发生的事情……

我总是不断地想起死去的亲人，心里觉得空空的，无法思考别的事情。

那些画面在我脑海中反复出现，一闭上眼就会看到那些让我恐惧和悲伤的画面。

我总是不停地想，失散的亲人、朋友会不会正在遭受痛苦和创伤。

7. 我对生活、对自己感到失望，我思念我的家人和朋友……

我在不断地期待奇迹的出现，可现实却让我一次次地失望。

好像没有人在身边了，感觉再也没有爱和关怀了。

别人根本不知道我的需要，我无法信任他人，无法与人亲密接触，我觉得自己被拒绝，被抛弃。

想起离去的亲人，那种感觉就像针扎在心里一般。

我希望可以早日重建家园。

8. 我的内心变得敏感了……

听到与地震有关的声音或者看到相似的画面，我会觉得不舒服，感觉地震要再次发生。

不知道为什么，我总是觉得很着急，可是我也不知道自己到底在着急什么。

我常常睡不着，做噩梦，甚至会从噩梦中惊醒。

灾后人们的身体反应

疲倦

发抖或抽筋

失眠

呼吸困难

做噩梦

喉咙及胸部感觉梗塞

心神不宁

恶心

记忆力减退

肌肉疼痛（包括头、颈、背痛）

注意力不集中

子宫痉挛

晕眩、头昏眼花

月经失调

心跳突然加快

反胃、拉肚子

稳定生还者的情绪

人在突然遇到巨大地震等灾害事件时以及灾害事件结束之后，正常的应激反应包括：

情绪上：恐惧担心（害怕地震再次来临，或者有其他不幸的事降临在自己或家人身上）、迷茫无助（不知道将来该怎么办，觉得世界末日即将到来）、悲伤（为亲人或其他人的死伤感到悲痛难过）、内疚（感到自己做错了什么，因为自己比别人幸运而感到罪恶）、愤怒（觉得上天对我不公平，觉得自己不被理解，不被照顾）、失望和思念（不断地期待奇迹出现，却一次次地失望），等等。

行为上：脑海里重复地闪现灾难发生时的画面、声音、气味；反复想到逝去的亲人，心里觉得很空虚，无法想别的事；失眠，噩梦，易惊醒；没有安全感，对任何一点风吹草动都"神经过敏"，等等。

需要再次强调，以上这些反应都是正常的。

大部分反应随着时间的推移，都会渐渐减弱，一般在一个月以后，我们就可以重新回到正常的生活。像哀伤、思念这样的情绪可能会持续得更久，伴随我们几个月甚至几年，但不会对生活造成太多影响。我们要学会带着我们的哀伤继续生活。

对于灾难中的幸存者、死难者家属以及救援人员，当面对和处理自己的这些心理反应时，如何处理是不合适的？

不合适的处理包括：

1. "我得想办法，让自己别再这样下去。"

因为自己有了某些心理反应（比如失眠、噩梦、强烈的惊恐和悲伤）而误将其当做"病态"，从而刻意地去试图压抑，反而对自己没有好处。

2. "我没事，我挺好的。"

更好的做法是试着把情绪讲出来，让周围的人一同分担。

3. "别哭了，我们不要难过了。"

事实上，引导他们说出自己的痛苦，是帮助他们减轻痛苦的重要途径之一。

4. "怎样才能把这件事忘掉？"

其实伤痛的停留是正常的，更好的方式是与我们的朋友和家人一同去分担痛苦。

帮灾后孩子找回美丽心灵

在灾难中不少儿童遭受了严重的创伤。除了需要应对外伤、饥饿、寒冷等他们不熟悉的情况外，儿童同样会经历心理上的创伤。由于儿童比成人更为脆弱，因此此时更需要关注儿童的反应，及时地保护儿童。

首先，需要留意孩子是否有下面的反应：

1. 情绪反应

感到恐惧、害怕，有的会哭泣，有紧张、担忧、迷茫、无助的表情；有的逃生出来的孩子会因为同学老师的伤亡产生自责；警觉性增高，如难以入睡、浅睡多梦易惊醒；头痛、头晕、腹痛、腹泻、哮喘、荨麻疹等，这可能是紧张焦虑的情绪对身体造成的伤害。

2.行为反应

发脾气、攻击行为；过于害怕离开父母或亲人，怕独处；有些长大的孩子好像又变小了，出现遗尿、吮手指、要求喂饭和帮助穿衣等幼稚行为；有些儿童会情绪烦躁、注意力不集中、容易与其他人发生矛盾等。

其次，需要更为关注以下可能在灾难中更容易受到心理伤害的儿童：

在灾难中身体受伤的儿童；

以往遭受过灾难或创伤事件的儿童；

女童；

患躯体疾病、残疾的儿童，包括智力障碍儿童；

以前曾经有过情绪、行为问题的儿童；

有精神疾病家族史的儿童。

第三，在保证儿童身体和环境安全、预防潜在的危险方面，需要注意以下几个方面：

1.优先保证儿童身体安全，对于受伤儿童立即给予医疗救护。

2.优先给儿童提供清洁的饮用水、安全食品以及夜间保暖。

3.尽量把儿童安置在远离灾难现场和嘈杂混乱的场所，避免孩子走失或因环境拥挤不能入睡。

4.要指导孩子观看新闻报道，因为低年龄儿童可能会对电视画面中重现的镜头感到害怕和恐惧。鼓励孩子用力所能及的方式表达对灾区灾民的关爱，不鼓励孩子做力所不及的事情。

第四，在心理保护方面，需要注意以下几个方面：

1.促进表达：鼓励并倾听儿童说话，允许他们哭泣，尽量不唠叨孩子，告诉孩子担心甚至害怕都是正常的，条件允许的情况下鼓励孩子玩游戏，不要强求儿童表现勇敢或镇静。

2.多作解释：不要批评那些出现幼稚行为的孩子，这些暂时出现的"长大又变小了的行为"，是儿童对突发灾难常见的心理反应。对孩子不理解不明白的事情要用他们能够理解的方式解释。同时要给予希望，向儿童承诺，地震会过去，政府会来帮助我们，帮我们重建家园。

3.本次灾情重大，直接受影响的孩子多，要及时发现问题，积极请求精神科医生的帮助，必要时进行治疗，避免问题延续。

4. 成年人应尽量不要在儿童面前表现出自己的过度恐惧、焦虑等情绪和行为，及时处理自己的压力和调整情绪。成年人稳定的情绪、坚强的信心、积极的生活态度会使儿童产生安全感。

5. 如果儿童因为受灾引起的心理问题持续存在，应该及时到医院精神科或心理门诊就诊。

灾难后孩子可能特别显得烦乱，需要表达感觉，这些反应都是相当正常的，通常时间不会持续太久的。

以下列举孩子们会出现的反应：

1. 对黑夜、分离或独处会有过度的害怕；

2. 会特别黏父母，对陌生人害怕；

3. 担心，焦虑；

4. 年纪小的儿童会出现退化行为（如尿床或咬手指）；

5. 不想上学；

6. 改变饮食或生活作息习惯；

7. 攻击或害羞的行为增加；

8. 做噩梦；

9. 头痛或其他的身体症状的抱怨。

协助孩子的方法：

1. 和孩子谈谈他（她）对灾变后的感觉，也分享你对他的感觉。

2. 告诉他发生了什么，并用他能懂得的方式让他了解。

3. 让孩子放心你和他现在都很安全也都会在一起，你最好常常重复地向孩子提出这项保证。

4. 经常抱抱孩子，拍拍孩子。

5. 在入睡前，多花一些时间陪孩子。

6. 接纳孩子对失去的玩具、用具，甚至房子的哀悼。

附三：保护受灾儿童简单口诀

先医疗，救生命；保温暖，供饮食。

睡好觉，防丢失；防疫病，手勤洗。

找玩具，讲故事；莫惊恐，多解释。

鼓信心，要重视；指导下，看电视。

心烦躁，情绪低；找医生，健心理。

（摘自中国疾控中心精神卫生中心、北京大学精神卫生研究所、全国联合抗震救灾心理救援专家组编写的《心理自救互救宣传手册二：抗震救灾中儿童心理应激反应的预防与处理》）

五

灾后的情绪救助

六　灾后的自我心理救助

感动中国　汶川地震中感人事迹——敬礼娃娃

汶川地震发生后，一个个震撼人心的抢险救灾画面感动着全国人民。这其中，有一张令许多人心灵受到冲击的照片：2008年5月13日早晨，在北川灾区一片四周仍在冒烟的废墟上，一个左臂受伤的幼童躺在一块小木板做的临时担架上，用他稚嫩的右手向8位抬着他的解放军战士敬礼。

消除灾后心理恐慌

要理性看待灾难，以良好的心态应对危机。例如不久前的汶川大地震。

遭受震感的人，可能会产生两种心理：一是抱怨，地震了，为何事先没预报；二是恐慌，担心在下楼或乘电梯时发生意外，尤其对高层建筑避险心有余悸。这都是正常心理。因为不确定性和应急性，是公共安全突发事件的重要特征。但是公众在恐慌后，如何调整心态，增强预防性？

人类是在灾难中生存和发展起来的。面对不以人意志为转移的突发事件，抱怨愤怒无济于事，也于事无补。这时若能保持良好的心态和理性的反应，就能积极应对突发事件，减少伤亡和损失。地震心理学上有一个"12秒自救机会"，即地震发生后，若能镇定自若地在12秒内迅速躲避到安全处，就能给自己提供最后一次自救机会，否则凶多吉少。日本曾有统计，发生地震时被落下物砸死的人超过被压死的人，可见冷静和好心态就是逃生力和减灾力。

保持良好心态，往往能规避突发事件所带来的灾害。人在遭遇突发事件时，不同的人心理反应是不一样的，心理素质较好者，也会感到紧张害怕，但大脑清醒，肌肉有力，反应敏捷，行动有力；心理素质不好者，如平素胆小怕事者，见灾难临头会目瞪口呆，不知所措，不知赶快逃离，最终招致危险。尽管每一个人面对恐慌、灾难、死亡等危险，都会感到担心、害怕，这是人之常情，也是心理表现的应有之义。但是，除了这些"应有之义"之外，人们更应该表现出坚强的一面，害怕不是办法，担心无济于事，既来之，则安之，坦然面对，设法解决，这才是成熟心理的凸显。

人对突发事件的反应方式，既与个体特征有关，也与训练有关，平素加强人们对突发事件的应付能力的训练，特别是对心理素质较差的个体进行这种训练，是非常有益的。

如日本的抗震防震教育是从娃娃抓起的，每年的9月1日还是全国的防灾日，都要组织大规模的防灾演习。而我国安全预防教育则相对匮乏，比如许多高层建筑职员不掌握自救知识，没经过逃生演练，由于无知而造成不必要的恐慌。其实，高层建筑的抗震性能优于普通建筑，并且设有若干应急楼层，知道这些，自然就能冷静应对了。

应该加强对公众的"灾难教育"，普及自救防范知识，增强人们应对突发事件的心理承受能力和处置能力。

不要拒绝正常心理救助

人们在严重灾难之后，通常都会出现一系列的诸如恐惧、悲伤、愤怒等正常的心理应激反应。但若体验到强烈的害怕、失助，或恐惧，或者同时具有如下表现，严重影响了工作与生活，则可能需要寻求心理专业工作人员的帮助：

1. 彻底麻木、没有情感反应、经常发呆，对现实有强烈的不真实感，对创伤事件部分或全部失去记忆。

2. 脑海中或者梦中持续出现灾难现场的画面，并且感到非常痛苦。

3. 回避跟灾难有关的话题、场所、活动，对生活造成了严重影响。

4. 经常出现难以入睡、注意力不集中、警觉过高以及过分的惊吓反应。

此外，若上述反应并不强烈，但持续时间长，也应当注意寻求专业人员的帮助。除了上述情况之外，有些人可能还会表现出其他心理问题，包括酗酒、性格改变等等，这些情况均应寻求心理卫生专业人员的帮助。

心理自助的方法

不是所有的人都能及时获得心理咨询师或治疗师的救助，在此情况下，我们可以学习的一些心理自助方法是什么？

在灾难发生后，尽快让我们回复日常的生活状态是重要的。以下就是一些简便的方法让我们可以用来帮助自己：

1. 保证睡眠与休息，如果睡不好可以作一些放松和锻炼的活动。

2. 保证基本饮食，食物和营养是战胜疾病创伤，康复的保证。

3. 与家人和朋友聚在一起，有任何的需要，一定要向亲友及相关人员表达。

4. 不要隐藏感觉，试着把情绪说出来，并且让家人和朋友一同分担悲痛。

5. 不要因为不好意思或忌讳，而逃避和别人谈论自己的痛苦，要让别人有机会了解自己。

6. 不要阻止亲友对伤痛的诉说，让他们说出自己的痛苦，是帮助他们减轻痛苦的重要途径之一。

7. 不要勉强自己和他人去遗忘痛苦，伤痛会停留一段时间，是正常的现象，更好的方式是与我们的朋友和家人一起去分担痛苦。

摆脱灾难后惊恐

灾难之后，出现恐惧、担心、失眠等心理反应是正常的。有的人会凭空听见有人叫自己的名字、与自己说话或者命令自己做事，比如把衣服脱掉，把东西给人等等；还有的人凭空怀疑周围的人是坏人，要抢劫或谋害自己，因此感到十分害怕恐惧；还有的人感觉周围变得不清晰，不真实，如在梦中，走到危险的地方也没有察觉，还可能出现幻觉，"看到"去世的亲人、"听到"不在身边的亲人的呼唤。他们经常夜不能寐、食不甘味、噩梦频频,灾难场景不断在脑海萦绕而挥之不去,听到灾难相关的消息即悲痛不已或恐惧不安。这些急性应激反应一般在灾难发生后 48 ～ 72 小时后逐渐减轻,多数在 30 天内明显缓解。出现这些情况,首先应当尽可能保证睡眠与休息,如果睡不好可以做一些放松和锻炼的活动;其次应当保证基本饮食,食物和营养是我们战胜疾病创伤,康复的保证;另外,与家人和朋友聚在一起,有任何的需要,一定要向亲友及相关人员表达。

但是少部分人在遭遇灾难后的心理反应则会延续数月、数年,而表现为"创伤后应激障碍"。灾后尽管时过境迁,他们仍睹物思人、触景生情,灾难片段在脑海中、梦中反复闪现,甚至不愿在原来的环境中生活,不愿和人交往,表现得过于警觉等。若有上述情况发生,则需要寻求心理专业工作人员的帮助。

直面现实

在灾难发生之后,您可能会经历家园的丧失,亲人的伤亡,或是自己身体的伤害。幸存者常常会因灾难在未来数周内产生以下的一些身心反应,每个人的情况可能会有所不同,但是,所有这些在灾难后出现的反应都是正常的,是人对于非正常的灾难的正常反应,大多数人在灾难过去数月之内这些反应都会自己缓解。

面对突发事件,感到心理压力大时,应当与亲朋好友多沟通,让情绪得到合理的宣泄,大胆说出你的恐慌。

这时最好选择电话、上网等方式沟通。说出自己的想法,通过交流来减轻内心的不安。坦然面对和承认自己的心理感受,不必刻意强迫自己抵制或否认在面对灾害和突发事件时产生的害怕、担忧、惊慌和无助等心理体验,尽量保持平和的心态。切不可以烟酒来排遣压力,更不可有发怒等不良情绪出现。

启动科学的心理调节措施,进行一些能让自己放松的活动,如听音乐、看小说、写日记等等让自己感兴趣的一些小事情,转移自己的情绪,并保持良好的睡眠。

六
灾后的自我心理救助

家里有老人或者孩子，可能会出现一些反常的表现：易怒、兴奋、不安、絮叨，甚至联想到以前的一些负面性事件等。这时，家人要尽量理解，最好能够在一起，以增强相互的依赖和安全感。要充分尊重他们的情绪反应，使他们感受到被重视和信任，从而充满自豪与信心，以降低不良情绪的影响几率，用自己的信心去鼓励和激发亲人。

勇敢面对灾难

人类是在灾难中生存和发展起来的，灾难是对人心理素质的考验。面对灾难，我们更应该学会心理自助。心理自助是在遭受巨大心理打击的情况下，通过自己的心理调适、心理暗示，尽快摆脱灾难和刺激在心目中造成的强烈恐惧感和心理创伤。学会倾诉是心理自我调适最好的办法，其最大作用在于打开我们封闭的心灵，摆脱心理压力。

我们必须勇敢面对！

在灾难面前，所有的反应都是可能的。我们害怕、难过、伤心、绝望，这都是正常的反应。有时候脑子里一片空白，不知道该怎么想，这也是很正常的。

经历了巨大的创伤后，如果出现无法抑制的恐怖情绪，或者反复回忆灾难场景，请不要惊慌，这十分正常，即使它们影响了你的正常生活，也不要担心，你可以带着恐惧情绪坚持正常生活，但不要排斥恐惧情绪。

我们只需要告诉自己："没有关系，我现在很害怕，很悲伤，但这些都是正常的，它们会停留一段时间，我需要给自己时间。我会从现在的情绪中走出来。"如果觉得没有力量对自己说出这句话，那么就找一个人让他陪着我们，陪着我们一起说这句话。

有的人遭受意外创伤后，会有一段时间表现得十分冷静和镇定，好像可以勇敢地应对灾难事件，但这往往是一种"暴风雨前的宁静"。短期内可能会有这样的反应，因为当我们处于这种麻木状态下的时候，可以减轻我们的痛苦。所以表现很冷静，很可能是由于我们压抑了自己的情绪。

其实，在这沉痛的打击下，能流泪是件好事，试着表达、发泄出自己的感受，就有机会从伤痛中恢复过来。如果我们强迫自己去压抑这些情绪或想法，反而会造成紧张与身体上的不舒服，这样会延长我们恢复的时间。不要隐藏我们的感受，试着把我们的感受说出来。可能我们会觉得不好意思，或者觉得说出来之后也不会有人理解我们的感受。其实，身边的人都很关心我们，他们需要知道我们的感受，哪怕那是一些不好的感受。他们也想听到我们的声音，因为他们想帮我们，只有他们知道了我们真实的感受，才能更好地帮助我们。所以我们不要害怕，要勇敢地、大声地把它说出来，甚至是喊出来。

也许你习惯用大哭的方式，也许你习惯用诉说的方式，用哪种方式并不重要，重要的是要找到一种方法将你的情绪发泄出来。

与亲人或其他与自己经历相似的人聚在一起，一起承担，一同面对，共同回忆自己的亲人，重拾勇气和信心，以告慰逝去的亲朋好友。不要孤立自己，要多和亲朋好友保持联系，也可以多与参与"救援"的军队、志愿者和医护人员等交谈，和他们谈谈你的感受。不要阻止亲友对伤痛的诉说，让他们说出自己的痛苦，这是帮助他们减轻痛苦的重要途径之一。不要拒绝帮助，来帮助你的人都是真诚的，就如你曾经热心地帮助过别人，接受帮助不是什么不好意思的事情，我们每个人在一生中都要帮人，有时也需要人帮，比如这个时候。

如何应对痛失亲人的哀伤

每一段哀恸历程都是沉重的，而如果亲人的死亡是突如其来的，是完全在意料之外的，那么这样的冲击往往较可预期的死亡（如亲人是因为癌症病故等）更加的令人难以承受，也使得哀恸反应可能会更强烈，哀恸的历程会持续更久，而这次汶川大地震所造成的意外死亡正是如此。

失去亲人会使人产生高度的情感失落，包括悲哀、愤怒（怨恨逝者弃己而去，或埋怨自己在某些方面的过失）、愧疚、自责、焦虑、疲倦、无助感、孤独感、惊吓、苦苦思念等。

在哀痛之余，很多人还会梦魇和自责，想象原本可以把亲人救出来，然后把亲人的死亡当成自己的过错。这时候心理干预是很重要的，需要安抚生还者的情绪，让他们明白是自然灾害夺去了他们的亲人，而不是他们的错。

同时，生还者应该早日坚强起来，学会适应逝去的亲人已经不存在的新环境，扮演一个以前所不习惯的新角色，并掌握以前不具备的一些生活技巧，从而适应新的环境。如果不能认识到环境已经改变，从而重新界定生命的目标，就容易长期陷入痛苦中不能自拔，对健康是极不利的。

丧失亲人之后，通常都会经历如下四个心理反应过程：

1. 休克期：可能会出现情感麻木，否认丧失亲人的事实。

2. 埋怨期：有些人会自责，后悔自己没有救出亲人，有些人会愤怒，对灾难造成的亲人丧失感到非常生气。

3. 抑郁期：有些人会出现情绪低落，不愿意见人，特别是丧失了孩子的家长特别不愿意看到与自己孩子同龄的儿童；有些人什么都不想干，对什么都没有兴趣，夜间噩梦，失眠等。

4. 恢复期：不再做噩梦，开始适应新生活。

在居丧过程中，可有以下一些心理自助方法：

1. 对于丧亲者而言，出现以上的心理反应是正常的。若如上反应持续时间超过半年或者过于强烈，则应寻求专业人员的帮助。

2. 应当尝试表达哀伤、自责、愤怒等情绪。哭泣、向他人倾诉、写日记等方式都有利于情感的表达。

3. 可以寻求家人和朋友的帮助和支持，向他们表达自己的需要，让大家一同分担悲痛。

切莫自责情绪

面对亲人的死难，除了伤心与悲痛，多数人还会伴随着一定的愤怒与内疚的感觉。例如，我们会想："为什么别人的房子不会塌，偏偏我们的房子在一瞬间化为乌有？为什么这些事情会发生在我们身上？"

或者面对自己的妻子或孩子遇难时会痛哭："我明明就听到她的声音，可是就是没有办法拉她出来，为什么我没办法救她？"

没有任何人可以预测灾难发生的时间与强度，也没有人可以事先准备好应对这种没有预期的灾难。我们可以想象如果亲人现在就在身边，我们会说什么。说出所有想说的，然后告诉自己："这并不是我的责任。"

或者去听听别人如何看待这件事情，听听不同的声音和解释，可以逐渐减少自责的感觉。

另外，我们当中有些人觉得很内疚的情绪可能会跟随自己比较长的时间，不要害怕这种情绪，不要回避这种情绪。当觉得内疚的时候，告诉自己："我常常觉得内疚，但是没有关系，会过去的。而且我做了我所能做的一切。"

灾难过后的改变

可能持续会有前面提到的身体症状与心理担忧，状况一直无法改善；
对周围的事物失去兴趣；
饮食习惯改变（食欲的变化和体重的增减）；
有死亡或自杀的念头，企图自杀；
工作不顺利或人际关系变差，生活秩序一片混乱；
发生其他的意外或遭受重大打击；
过多地使用一些药物，过量地抽烟、喝酒等。

帮助他人

当我们处在很伤心、很害怕的情绪中时，会觉得没有力量去帮助别人。"我自己都顾不过来了，我哪有力气去管别人？"

尽管如此，我们还是要尝试主动去为他人做一些事情。

走近其他人，拉着他的手或者拥抱他（她）一下，告诉他（她）"没有关系，一切都会好起来的"。

帮助他人，可以转移自己对悲伤过度的关注，通过一些活动，可以转移自己的注意力。并且与别人交谈，能够让我们感觉不那么孤单，让我们暂时脱离自己的问题，理清应对这些事情的头绪。同时，我们也可以从他人的努力中为自己找到战胜困难的勇气。

我要好好活下去！

今后的路还很长。相信阳光总在风雨后，灾难造成的损失已经不可挽回，我们期待着明天会更好。

保证睡眠与休息，尽量让自己的生活作息恢复正常，如果睡不好，可以作一些放松和锻炼的活动，如果有条件，还可以听舒缓的音乐让自己平静下来，或者在医生的指导下借助药物睡眠。此外，深呼吸是一种最简便的自我放松方法。当觉得焦虑、烦躁或者恐惧时，可以反复深呼吸多次，这样就会觉得轻松不少。

有规律地运动，保证基本饮食（尤其是青菜、水果），照顾好身体，尽量多晒晒太阳。这段时间人的免疫力容易变差，要小心感冒；注意保暖，特别是夜间。管好自己的钱物，避免因钱物丢失引起连带损失使心情更为恶劣。

我们都需要在适当的时机去尝试解释自己的经历，并且慢慢地发现这些事情的意义，肯定生命的价值，重新找到朋友和亲人。这可能需要较长的时间。但是我们相信，只要怀着希望，只要努力，就一定会有收获。

"他们说，天助自助者，只有我们自己心怀希望，勇敢面对自己，面对身边的人，面对发生的事情，那些阴霾才能更快地过去，明天才能更美好。你觉得他们说的话有道理吗？反正我决定了，我相信他们，也相信自己！"

"他们还告诉我很多其他的事情。嗯，我觉得我好多了……"

安慰之外的帮助

在亲朋受到灾难创伤后，周围的人不妨采取一些必要措施来配合心理危机干预的治疗。

1. 无言的陪伴。在危机事件后，每一个当事人都有恐惧的心理，此时很多人以为需要说一些话来安慰他，其实这是极错误的做法，因为这时候你所说出的话，大部分是为了降低自己内心焦虑的话，对恐惧而言其实都是废话。真正有效的，是你的存在及陪伴。

2. 无条件的倾听。让被干预者一吐为快，是心理干预一个看似简单、实则最为重要的步骤，让应急对象说出心里话，像倒垃圾一样把内心深处的负面感受、想法不加掩饰地表达出来，才能引导他们向积极的方面走。

3. 无限的关怀。当事人在危机事件后往往特别渴望关怀和理解，有时一杯温水胜过千万言语，手中感觉热水的温暖及眼见你关怀的动作，这才是他们最需要的。

4.无条件的接纳。对于哭诉者，最错误的做法是叫他们不要难过，不要哭泣，其实正确的处理方法是给他一张面纸，他会感觉被你接纳，终于有人可以让他大哭一场，心中的刺痛便得以疏解。此时还要告诉他，哭泣、悲伤、内疚等都是人在痛苦时的一种很自然的情感表现，不是软弱，这是正常的。

明天会更好

有许多与重大灾难有关的心理困扰或精神疾病，特别会在此刻发生并造成严重影响：

1.重大创伤后压力症候群：患者会反复回想这个灾难事件、屡次因噩梦而惊醒，感觉变得迟钝麻木、心情总是快乐不起来，无法和人亲近，且有失眠、注意力不集中、记忆力减退等情形；此外，全身无力、想哭、胃口差、性欲减退等忧郁的症状，也屡见不鲜；这些症状严重的话，患者甚至会企图自杀，酿成悲剧。

2.精神官能症：这类疾病包括许多不同的症状，有人是以焦虑的病症为主，整个人从上到下都没办法放轻松，总是处在高度警戒的状态下，稍有风吹草动，就会反应过度，这样过分紧张的人，常伴随有头痛、颈部肩膀酸痛、胸闷、心悸、颤抖，甚至于尿频；另外，有些人是以忧郁的病症为主，会显得情绪低落、失去斗志，对一切事物都失去兴趣，少说话，也不喜欢活动，这些心情欠佳的人，也常出现失眠，胃口差的情形。

3.重度忧郁症或哀恸反应：面对失去家人亲友，可能陷入重度忧郁症状态或哀恸反应，会不断自责，有极明显的罪恶感和自杀的想法。当然，失眠、食不下咽、逃避社交活动等症状，也同时出现。这些人会有极高的自杀危险性，需特别注意。

4.药物或物质滥用：有些人会借助于香烟、咖啡、酒，以减轻心理或身体的不适的症状，结果又造成了另一个滥用或成瘾的问题，赔上身体的健康。此外镇静安眠的药物、兴奋剂或一些违禁药品，都有上瘾的可能。

5.心身症：有些身体的疾病，其病因和情绪困扰或压力过大关系密切，在生活压力加重时，这些疾病也跟着恶化，例如：高血压、气喘、消化性溃疡、冠状动脉心脏病、湿疹、甲状腺功能亢进、风湿性关节炎、偏头痛、过度换气症候群等。

认识了这些情况，我们要积极面对，争取好的解决方法！

不管怎样，灾难已经发生，我们要正视这个事实，我们还得开始新的生活，还得继续勇敢地活下去！

附四：灾后自我情绪调节八招

1. 避免、减少或调整压力源。比如少接触道听途说或刺激的讯息。

2. 降低紧张度。有耐心、安全的亲友谈话，或找心理专业人员协助。

3. 太过紧张、担心或失眠时，可在医生建议下用抗焦虑剂或助眠药来协助，这只是暂时使用，但可有较快安定的效果。

4. 作紧急处理的预备。逃生袋、电池、饮水、逃生路线等，多点准备可让自己多一份安心。

5. 近期少安排些事务给自己，一次处理一件事情。

6. 不要孤立自己。要多和朋友、亲戚、邻居、同事或心理辅导团体的成员保持联系，和他们谈谈感受。

7. 规律运动，规律饮食（尤其多吃青菜、水果），规律作息，照顾好身体。注意这段时间免疫力容易变差，小心感冒。

8. 学习放松技巧，如听音乐、打坐、瑜伽、太极拳或肌肉放松技巧（可请心理专业人员教导）。

【自强不息】

——面对灾难

七　灾后心理障碍及心理干预

感动中国　汶川地震中感人事迹——最感人的捐助者

南京江宁区，一名约60岁的老人来到了募捐点，他头发花白，穿一件蓝色衣服，胸前的补丁起码3个，背后的则不计其数，衣服下摆已经破烂，脚上穿一双破烂的凉鞋，手中还拿着一个讨饭碗。老人端着碗，在宣传牌前止步，看了一会儿，哆哆嗦嗦地从口袋里掏出5元钱，放进募捐箱，念叨了一句："为灾区人民……"本以为这就是捐款过程中的一个小插曲，谁料，下午3点，老人再一次出现，这次，他掏出了100元，塞进了募捐箱。他说，本想多捐一点钱，但身上全是讨来的一毛两毛还有一些硬币，不好意思拿出来，特地利用中午凑了凑，接着到银行，将全身的零钱兑换出了一张100元。

正视心理障碍

人的心理包括感觉、知觉、记忆、思维、想象、注意、情感、意志、能力、气质、性格等各种心理现象。

什么是心理障碍呢？心理障碍就是上述种种心理现象中一个或是几个方面不正常而出现功能障碍，例如记忆障碍、思维紊乱、妄想、情感冷漠、性格缺陷等。具体到每个人，心理障碍的划分没有绝对的标准，心理正常和心理障碍之间没有不可逾越的"鸿沟"。

正常人也很难说全部心理活动都是"完美无瑕"的。具有轻度的心理障碍而不影响正常生活，就不能算做病态。可见心理障碍的划分是相对的，不可用绝对的眼光看待某种心理障碍的程度，也不可将暂时的心理不正常现象任意夸大。

环境的影响

心理障碍的形成除与先天因素有关外，后天环境的影响也是一个不容忽视的因素。有的人在童年时期遭受过心理的打击、挫折或创伤，神经功能比较脆弱，往往会导致成年期难以应付各种来自现实的压力和刺激。不良的家庭环境对个人的心理形成和发展至关重要。不少心理障碍如性格孤僻、情感缺乏或毫无感情的"冷血动物"等，均与早年所经受的心理创伤或不良家庭环境（诸如父母离异、早年丧母或丧父、各种歧视）等因素潜移默化的影响分不开。心理障碍的形成除与一定的遗传、家庭因素有关外，各种不良的社会因素的干扰往往会诱发或加重心理障碍。对大多数心理障碍者来说，周围社会生活环境的影响远比遗传因素大得多。现代社会人们在接受教育、更新知识和频繁的社交中追求高效率、高节奏，使神经经常处在高度紧张状态。持续反复的紧张状态，造成人各种心理疲劳，表现为在从事力不从心的脑力劳动后感到精力不支，劳动效率显著下降。心理疲劳长期得不到缓解,会成为心因性疾患的"导火索"。这时若再发生突发性意外打击如离婚、老年丧子、科研失败等，就似"火上浇油"，一触即燃，很可能使本已疲惫的心理防线全面崩溃，轻则发生病态心理，行为失常，重则甚至引起精神疾患。

灾难后易出现的心理障碍

1. 创伤后应激障碍（post-traumatic stress disorder,PTSD），又称延迟性心因性反应。是指在遭受强烈的或者灾难性精神创伤事件之后，数月至半年内出现的精神障碍。如创伤性体验反复重现、面临类似灾难境遇可感到痛苦和对创伤性经历的选择性遗忘。

2. 恐怖性神经症（phobia），是一种灾难过后，对于那些本不该恐怖的事物、场景、话语等外界信息表现出的恐怖反应，不仅内心有恐怖的体验，而且躯体上会有明显的紧张、出汗、颤抖等恐怖状态反应，甚至会因此发生一些退缩和逃避行为，对个人的生活和工作造成影响。

3. 焦虑性神经症（anxiety disorder），分为突发性惊恐障碍和广泛性焦虑障碍两种。症状都是表现出与现实处境不相符的紧张、焦虑不安、无所适从，突发性惊恐障碍表现得比较集中、急性和症状明显，而且在突发过程中，来访者有明显的濒死感，令其在经历一次发作之后，惶恐不安。

4. 强迫性神经症（obsessive-compulsiver disorder,OCD）包括强思维和强迫行为两种，突出表现为自我强迫和反强迫同时存在，造成自我内部分离、对立的精神痛苦。

危机心理干预

据调查，许多人在灾难后都呈现不同程度的心理问题，大多数人无法摆脱灾难造成的心理阴影，例如连续做噩梦，"闭上眼睛，就会出现可怕的情景。"例如我们刚刚面对的大地震。

专家认为地震后"心理疾病"的患者有三种：一是过去患有某种病，治好了，这次地震致使精神紧张、心情恐惧又诱发了旧病；二是年迈体弱，各种生理机能衰退，地震致使精神紧张、心情恐惧，由此又致使内分泌失调或某些生理机能更加衰退，诱发了头晕、头疼、心脏病等；三是纯粹因地震致使精神紧张、心情恐惧，加上余震不断，产生条件反射，余震一发生便更加恐慌不安，心情烦躁。

1976年7月28日的唐山大地震造成的心理创伤对受害者产生了持久性应激效应，长期影响了他们的身心健康，在地震中失去亲人和没有失去亲人的人心理感受明显不同。震后余生的人出现了一些创伤后应激性障碍，他们中患抑郁症、焦虑症、恐惧症的比例高于正常的数据，有的高于正常值3～5倍。很多人失眠多梦、情绪不稳定、紧张焦虑，每到"7·28"便会触景伤情等，那些经历了地震创伤的人群患高血压和脑血管疾病的比例也高于正常人群。

专家认为：灾难会在人身上造成严重心理创伤，如果不及时治疗，会折磨一生，改变病人的性格，甚至导致极端行为如自杀和暴力。

1. 什么是危机心理干预

心理学领域中，危机干预指对处在心理危机状态下的个人采取明确有效措施，使之最终战胜危机，重新适应生活。心理危机干预的主要目的有二：一是避免自伤或伤及他人，二是恢复心理平衡与动力。有效的危机干预就是帮助人们获得生理心理上的安全感，缓解乃至稳定由危机引发的强烈的恐惧、震惊或悲伤的情绪，恢复心理的平衡状态，对自己近期的生活有所调整，并学习到应对危机有效的策略与健康的行为，增进心理健康。为了进行有效的危机心理干预，必须了解人们在危机状态下有哪些心理需要。在地震期间，人们会更关心个人基本的生存问题，如环境是否安全、健康是否有保障等；会担心自己及所关心的人（如父母、亲戚、子女、朋友、老师）；会表现惊慌、无助、逃避、退化、恐惧等行为；想吐露自己对突发事件的内心感受；渴望生活能够尽快安定，恢复到正常状态；希望得到他人情感的理解与支持等。这些心理需要为危机心理干预提供了依据。

2. 怎样进行危机心理干预

危机干预的时间一般在危机发生后的数个小时、数天，或是数星期。危机干预工作者一般必须是经过专门训练的心理学家、社会工作者、精神科医生等。需要心理干预的人群范围很广泛，既包括身体有创伤的人，又包括与患者有密切接触的一线医护人员、应急服务人员、志愿人员，这类人群都较容易出现心理问题。另外，不愿公开就医的人和有担心恐惧的普通大众也需要心理上的援助。危机干预的方法有多种形式，与传统心理咨询不同，危机心理发展有特殊的规律，需要使用立即性、灵活性、方便性、短期性的咨询策略来协助人们适应与渡过危机，尽快恢复正常功能。

灾后青少年心理障碍的类型及表现

灾后很多青少年学生在面对着被摧毁家园的惨景以及看到那些残缺不全、面目全非的亲人的身体时，很容易产生很多身体上的不良反应。如容易恶心呕吐、头昏脑涨、睡眠障碍、胸闷眩晕、浑身无力、视觉模糊等。在恶劣的生存环境和不良的生理状态下，青少年学生较易出现一系列的心理障碍，具体可分为以下三种类型：

1. 认知障碍

青少年学生认知障碍的主要表现是丧失了基本的思维和逻辑运算能力，注意力的广度和集中性减弱；对人对事易产生怀疑感，即使是对自己的亲人和尊敬信任的老师也不例外；解决问题和处理事件的能力下降；对平日熟悉的事物产生部分的遗忘；再认能力降低，不能客观理智地分析和对待现实事物。

2. 情感障碍

青少年学生在情绪和情感上容易出现恐惧、内疚、焦虑、烦躁、抑郁、愤怒、冷漠、沮丧、无助、否认、麻木等心理与精神障碍。由于青少年学生年龄小、经历尚浅，因此还不能适当地发泄和调整控制自己的情绪。

3. 行为障碍

青少年学生在行为障碍上的主要表现为自我监控能力下降、做事情易拖延，并产生退缩、逃避的行为。如灾后很多青少年学生会产生较强烈的厌学情绪，即使在学校，他们也不能专心学习、成绩下降很快。而且一些以往很乖的青少年学生也会出现难管、不听话的现象，另外一些平时依赖性较强的青少年学生会出现退行现象。甚至有些问题较大的青少年学生会出现一些古怪的异常行为，对以往喜爱的事物不再感兴趣、说话和处理问题的方式改变、攻击性行为增加等。

灾后青少年心理干预应如何

1. 面谈咨询

主要采用应激免疫训练和认知行为疗法。

应激免疫训练主要分为两个阶段。第一阶段：为进入正式治疗做准备的阶段，在这个阶段，用简单的语言让灾后青少年学生能够理解他们的恐惧和焦虑的来源，创伤性质和创伤后的反应等。第二步为教授步骤技巧（如放松技巧、呼吸技巧、角色扮演、想法停止、自我对话训练等）。

认知行为疗法，主要建立在经典条件反射和操作条件的认知模型相结合的基础上。治疗的目标是减少 PTSD 症状，发展积极的应对技能，增加个人的控制感和保持良好状态。所以，Perrin 等提出了建立与家长、孩子的治疗联盟的方式，这也契合了父母与儿童治疗模式。

具体的操作步骤：

（1）目标的设定。应该向父母和儿童提供关于创伤对个人各方面影响的信息，重点放在使儿童的反应正常化上。治疗目标应该是清楚的，而且是建立在心理干预老师、儿童、父母相互同意的基础上的。

（2）发展应付技能。训练儿童识别焦虑的原因以增加他们的控制和减少回避行为。然而，不应该在孩子相应的替代应付机制建立起来之前就鼓励孩子停止所有的回避策略。这个时候，应该教给孩子多种应付技能（例如放松、积极的自我对话、问题解决）。

（3）暴露。应用想象的或可视化的暴露来促进创伤记忆的情感平息。心理干预老师帮助孩子回忆创伤事件和重新经历所有相关的想法和情感，通过这种方式痛苦能被控制而不是被放大。这首先依赖于一个安全、信任环境的建立，在这个环境中，创伤事件能被回忆和讨论。心理干预老师必须准备询问孩子的创伤经历。年幼的青少年学生可能被要求画出他们的经历来促使情感平息，也可能使用游戏方式来达到这一目的，运用游戏作为灾后青少年学生治疗的互动媒介似乎是最自然的一种方式。暴露很少能在规定的治疗时间内做完，因此研究认为长期的治疗会有更好的效果。一般来说，暴露治疗时只需灾后青少年学生一人在场。最后，灾后青少年学生应该在暴露之前尽可能地放松。

（4）结束再干预。当治疗接近结束时，心理干预老师应该要求儿童确定在治疗中学到了什么和描述他们将怎样应付未来日子里出现的创伤唤起以及任何长期的影响。

2. 团体训练

许多研究表明，灾后青少年学生的心理转变过程可以归纳为四个阶段：

阶段1：惊恐无助。表现在情绪上为沮丧；在认知上为信念受到挑战；在行为上为失去控制感。比如：自然灾害时的害怕恐惧、生命安全的威胁、周围环境的所见所闻，焦虑、慌乱的行为。

阶段2：儿童式早熟。灾后的生活使儿童体会到父母家庭的重要，学着独立自主，但仍带着儿童的纯真来看待生活的变化。对政府、亲人、朋友的帮助表现出感激，但危机感仍存在。

阶段 3：摆脱负面情绪。通过心理重构，情绪得到放松，对自然灾害危机意识变得积极。

阶段 4：心理转变和升华。表现为情绪上获得平静，认知上产生新的思维方式，自我效能提高。比如：通过回忆灾害中人们的相互帮助，政府、社会的大力援助，更深刻地感知到自然灾害的正面意义，积极对待自然灾害后的重建事宜和今后的学习生活。

当较多灾后青少年学生遭遇创伤时，常使用团体的治疗方法。与遭遇相同或相似经历的同伴共同分担体验可消除灾后青少年学生的疑虑，也为灾后青少年学生从帮助别人的过程中获得满足提供了机会，同时也可识别出需要个体强化帮助的灾后青少年学生。团体治疗也有不利因素，因为并非所有灾后青少年学生都在集体中感到轻松自在，在团体治疗中有可能通过对自己或别人经历的再次体验，而有使灾后青少年学生再受创伤的潜在危险，一些儿童有可能产生愤怒和攻击言行。

所以我们针对具体实践效果提出以下三种具体干预模式：

（1）心理疏导

心理疏导法，又称宣泄法，即使心态失衡的儿童把心中的苦闷或思想矛盾倾诉出来，以减轻或消除心理压力，使之更好地适应社会环境。Clark 指出，用解释悲伤的过程来支持儿童，聆听其对灾难的叙述及接受其震惊的反应（如怀疑、生气与忧郁），同时给予澄清，可以减少他们的焦虑和压力，如"你体验到失落了某样东西，你有那么强的感觉也是正常的""你有这种反应是正常的"和"你的反应是正常的，并没有过度"。心理疏导被广泛认为是早期介入受灾者处理的一种主要形式。使用心理疏导法，首先要重在引导儿童宣泄出他们受压抑的情绪，只有借此释放出自然灾害造成的恐惧、害怕等情绪，才能消除过度的应激反应。心理疏导，可以使心理干预老师与灾后青少年学生彼此分享，而得到情绪上的支持，通过讨论一些实际的信息和恢复方法，使他们产生心理重构的认同，激发自己面对灾害的新思维。

（2）改善人际关系。可以组织灾后青少年学生参加一些适合于他们年龄段的团体活动，如做游戏、画画、演讲、球类运动等。不论是谁，要直接去描述痛苦的回忆都不是一件容易的事，尤其儿童的情绪表达能力远不如成人，使用活动为媒介可以起到治疗的作用，帮助灾后青少年学生借由活动来回溯，且不易引起自我防御，在安全的气氛下探索受创的心灵并能深入地表达出情绪，获得宣泄。

（3）生命教育或死亡教育。自然灾害让青少年触及到死亡议题，他们无法接受也无法否认自己的死亡，会产生一些不切实际的联想和担忧，所以生命教育不应忽略，而也是重要的心理重构步骤之一。让个体由此发现生命的意义，透过社会支持与今后的学习生活产生新的联结，超越不安与恐惧。以生命教育的实施为重点，让灾后青少年学生学习了解死亡，分享讨论其感受，杜绝不切实际的担忧和幻想。只有正视死亡，才能珍惜生命，更积极的生活下去。

附五：胡锦涛主席在纪念汶川地震一周年大会上的讲话

同志们，朋友们，今天我们在这里隆重集会，纪念四川汶川特大地震一周年，向在地震灾害中不幸罹难的同胞们，向为夺取抗震救灾斗争重大胜利而英勇献身的烈士们，表达我们深切的思念。

2008年5月12日14点28分，我国发生了震惊世界的四川汶川特大地震，受灾地区人民生命财产和经济社会发展蒙受巨大损失，面对空前惨烈的灾难，在党中央、国务院和中央军委坚强领导下，全党全军全国各族人民众志成城，迎难而上，以惊人的意志、勇气、力量，组织开展了我国历史上救援速度最快、动员范围最广、投入力量最大的抗震救灾斗争。最大限度地挽救了受灾群众生命，最大限度地减低了灾害造成的损失，夺取了抗震救灾斗争重大胜利，表现出泰山压顶不弯腰的大无畏气概，谱写了感天动地的英雄凯歌。

我们按照以人为本，尊重自然，统筹兼顾，科学重建的原则，科学制定灾后恢复重建规划，迅速出台一系列支援灾区的政策、措施，积极开展对口支援，迅速组织开展灾后恢复重建工作，在中央大力支持、灾区广大干部群众艰苦奋斗、全国人民大力支援下，城乡居民住房重建，学校医院等公共服务设施重建，基础设施恢复重建，产业重建和结构调整，历史文化保护，生态修复等方面均取得显著成绩。灾后恢复重建取得重要阶段性成果，灾区人民正大踏步走向新生活。

这一切为夺取抗震救灾斗争全面胜利奠定了坚实基础。在抗震救灾和灾后恢复重建中，举国上下同心协力，海内外同胞和衷共济，充分展现了中华民族团结奋斗的民族品格和风雨同舟的强大力量。抗震救灾和灾后恢复重建取得的成绩，必将鼓舞全国各族人民满怀信心地把改革开放和社会主义现代化事业继续推向前进。

在这里，我代表党中央、国务院和中央军委向在抗震救灾和灾后恢复重建第一线英勇奋战的广大干部群众、人民解放军指战员、武警部队官兵、民兵预备役人员和公安民警，向大力支持抗震救灾和灾后恢复重建的全国各条战线的广大干部、群众，各民族党派、工商联和无党派人士、各人民团体以及社会各界，向踊跃为灾区提供援助的香港同胞、澳门同胞、台湾同胞以及海外华侨华人致以崇高的敬意！

我们的抗震救灾和灾后恢复重建，得到了众多国家的领导人、政府、政党、社会团体和驻华使馆、联合国有关组织和一些国际机构、外资企业，以及国际友好人士的真诚同情和宝贵支持，在这里，我代表中国政府和中国人民再一次向他们表示衷心地感谢！

同志们，朋友们，当前，我国正处在应对国际金融危机冲击，保持经济平稳较快发展的关键时刻，在前进道路上，我们要以邓小平理论和"三个代表"重要思想为指导，深入贯彻落实科学发展观，大力弘扬伟大抗震救灾精神，全面推进社会主义经济建设、政治建设、文化建设、社会建设，以及生态文明建设和党的建设，奋力夺取抗震救灾斗争的全面胜利，为实现党的十七大描绘的宏伟蓝图而团结奋斗。

我们要继续扎扎实实推动经济社会又好又快发展，改革开放以来，我国不断增强的综合国力是我们战胜四川汶川特大地震灾害的坚实物质基础，也是我们应对各种困难和挑战的坚实物质基础，我们要牢牢坚持"发展是硬道理"的战略思想，把保持经济平稳较快发展作为经济工作的首要任务，认真落实进一步扩大内需，促进经济平稳较快发展的一揽子计划，全力做好保增长、保民生、保稳定的各项工作，努力夺取经济社会发展的新胜利。

我们要继续扎扎实实推进灾后恢复重建工作。做好灾后恢复重建工作，关系灾区群众根本利益，关系灾区长远发展。当前，灾后恢复重建任务仍十分繁重，我们要全面落实中央关于灾后恢复重建的方针政策和工作部署，

七 灾后心理障碍及心理干预

151

加大力度，加快速度，攻坚克难，力争用两年时间基本完成原定三年的目标任务。要坚持以人为本，以解决民生问题为重点，优先恢复群众基本生活条件和公共服务设施，确保受灾群众早日住上永久性住房。

全面恢复和提高教育、医疗卫生、文化体育等公共服务水平，大力提高基础设施保障能力，积极促进特色优势产业发展，努力建设人民安居乐业、城乡共同繁荣、人与自然和谐相处的幸福美好新家园。

要继续全力做好对口支援工作，同时要坚持自力更生、艰苦创业，引领灾区广大干部群众，依靠自己的双手，创造美好生活。要加强对抗震救灾和灾后恢复重建资金、物资的监管，确保工程建设质量。

我们要继续扎扎实实加强防灾减灾工作。提高防灾减灾能力是保护人民生命财产安全的必然要求，也是人类社会共同面临的重大课题。要坚持兴利除害结合，防灾减灾并重，治标治本兼顾，政府社会协同，全面提高对自然灾害的综合防范和抵御能力。要加强防灾减灾领域及国际人道主义援助等方面的国际交流、合作，为人类防范和抵御自然灾害做出积极贡献。

同志们，朋友们，抗灾救灾和灾后恢复重建的伟大实践再一次告诉我们，团结就是力量，拼搏才能胜利。全党全军全国各族人民要更加紧密地团结起来，勇敢战胜前进道路上的一切困难和风险，全面做好各项工作，以优异的成绩迎接新中国成立60周年！